うさぎのための最高のお世話

著者　澤田浩気
（ラビッツ動物病院院長）
イラスト　森山標子

新星出版社

PROLOGE

うさぎの幸福学

地球に生命が誕生して35億年、それぞれ異なる進化を遂げてきたうさぎと人が一緒に暮らしている事実はなんとも不思議で素敵なことではないでしょうか。人がうさぎと暮らす理由は、うさぎがいると幸せだからです。同様にうさぎも人と暮らすことで幸せでなければなりませんし、皆さんもそうであってほしいと願っているはずです。ここで扱う幸福とは「究極の幸福とは何か」というような大げさなものではなく、思わず「あ～幸せ」と感じるそんな身近な幸福です。

身近な幸福感とは？

ここでは通常の状態よりよい出来事を幸福、悪い出来事を不幸とします。私たちが日常の中で「**あ〜幸せ**」と感じる瞬間を思い浮かべてみてください。美味しいものを食べたとき、お風呂に入ったとき、あったかいおふとんで眠りにつくとき……。また、私たちはその幸福感が状況により増幅することを経験として知っています。美味しいものはお腹が空いているときほど美味しく感じるでしょうし、くたくたに疲れて帰ってきたときのほうがお風呂やおふとんに強い幸福を感じるでしょう。空腹や疲労はそれだけを見ればマイナスな出来事ですが、それがあるからこそプラスの出来事が起こったときにより幸福感が強くなるのです。

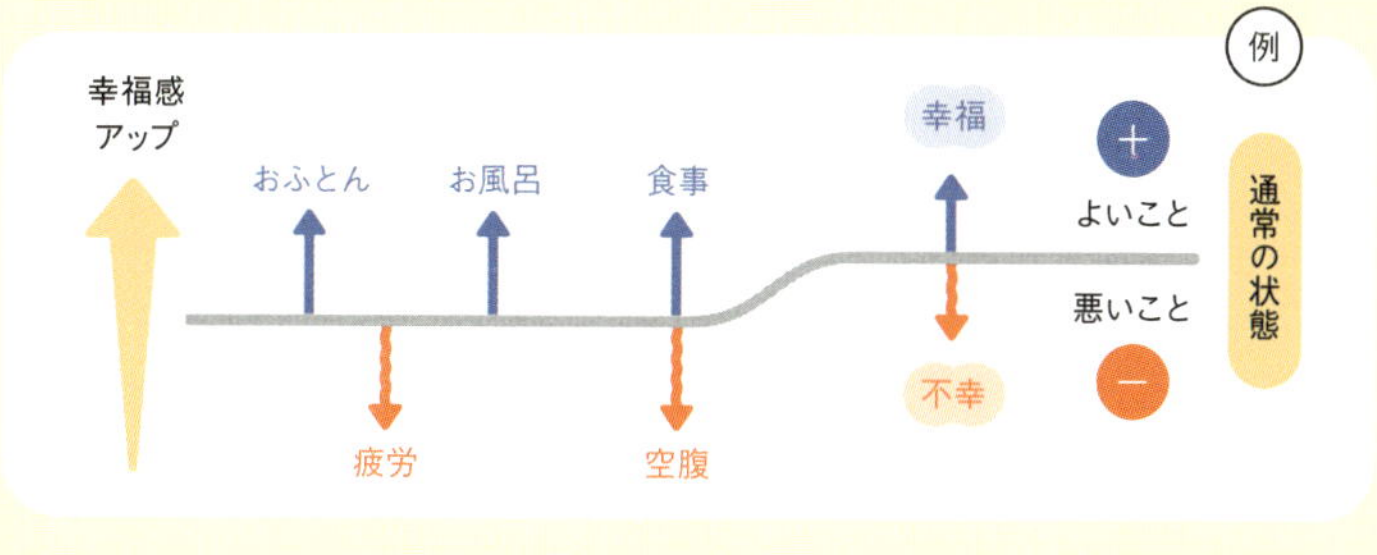

うさぎの幸福感

たとえば、「生野菜をもらう」という出来事はうさぎにとって幸せなことでしょうか？　普段乾燥したチモシーを食べているうさぎにとって生野菜は「やわらかい！ジューシー！うまっ！」と感じるものでしょう。一方、常に生野菜食べ放題のうさぎの場合、さらに生野菜を追加しても何も変わりませんので幸福には感じないでしょう。このように「生野菜をもらう」という全く同じ出来事であっても、うさぎの置かれた状況によって幸福感の有無はまったく変わってきます。

みなさんのうさぎはどんなときに幸せそうでしょうか？　ケージで過ごしていてへやんぽに出たとき、遊び疲れてぐっすり眠っているとき、仕事から帰ってきた飼い主さんになでられているとき、幸せそうに見えませんか？　その幸せはどんな環境のうえに成り立っているのでしょうか？

幸福であるためには不幸ではないという前提も必要です。人と暮らすうさぎは天敵である肉食獣の脅威から逃れ、快適な環境で暮らすことで長寿化していますが、一方で老齢に伴い病気のリスクは増えていきます。また、人と暮らすがゆえの飼育環境や不適切なお世話に起因する病気も起こり得ます。人と暮らすうさぎの幸福はどのような環境を作り、どのようなお世話をするかにかかっています。本書ではうさぎが不幸を回避し、幸せに暮らしていくためのヒントをページの許す限りご紹介いたします。

うさぎと暮らすことができるかどうか

うさぎと一緒に暮らしてみたいと思っても、果たしてうさぎを迎えることができるかどうか、幸せにしてあげられるのかをよく考える必要があります。迎えてみて初めて直面する事態に苦悩することもあるでしょう。

これからうさぎをお迎えしたいという人は、次の８つの点について考えてみてください。また、既にうさぎと一緒に暮らしている人も、うさぎを幸せにするために改めて次の点について考えてみましょう。

1　うさぎの寿命

うさぎの飼育情報の普及や獣医学の発展に伴ってうさぎの寿命は延びてきており、長寿のうさぎでは15年以上生きることもあります。人には進学・就職・転勤・結婚・出産・子育てなどライフステージの変化があり、うさぎと暮らしていく7～15年という期間の中でそのようなライフステージの変化を迎えることもあるでしょう。今現在はうさぎと暮らすことに問題がなくても、引っ越しに伴ってうさぎと一緒に暮らすことが困難になったり、子育てに精一杯でうさぎのお世話をする時間的・精神的余力が無くなってしまったりと、様々な事情によってうさぎと自身の生活との板挟みで苦悩するケースがよくあります。うさぎがこれから15年を生きるとして、自身のライフスタイルを考えたときに、変わることなく大切にお世話ができそうでしょうか？

2 費用がかかる

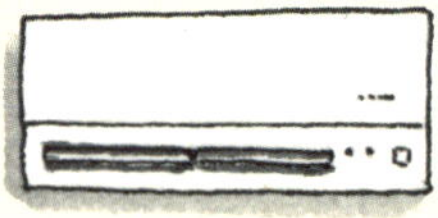

うさぎの生活を維持していくためには食費、温度管理のための光熱費、避妊去勢手術、爪切りや健康診断、病気になったときの医療費などそれなりの費用がかかります。季節によっては常時エアコンを稼働し続けなければならない時期もあり、予想以上に光熱費がかさむことでしょう。あなた自身の生活を維持したうえで、うさぎにとって快適な生活も維持していける経済的余力はあるでしょうか？

3　運動が必要

うさぎの心身の健康を保つためには日々の運動が欠かせません。普段ケージの中で過ごしている場合、うさぎを部屋に放って運動させるスペースが必要です。しかし、うさぎはかじる動物です。紙、段ボール、布、電気コードなどはかじると危険ですので、そういったリスクをすべて排除したうえでうさぎが安全に遊べるスペースを確保できるでしょうか？

4　換毛期が大変

うさぎには換毛期といって毛の生え換わりで大量に毛が抜ける時期があります。うさぎの毛は細くて軽くふわふわ舞うので部屋のあちこちに漂い、どんなに掃除してもある程度部屋の中に毛が散らばる形になります。そのような状態を許容できない人や、ぜんそくやアレルギーがある人が家族にいる場合は注意が必要です。

5 動物病院事情

うさぎはエキゾチックアニマル*であり、大学の獣医学部では基本的にうさぎの医学については扱われていないか、教育されているとしても手薄なことがほとんどです。一般的に動物病院は犬と猫の診療を行うところであって、専門的にうさぎの診療を行う動物病院は少ないです。都会にはエキゾチックアニマルやうさぎを専門とする動物病院が多少ありますが、地方では皆無な地域も多いです。治療を受けるために他県まで通院しなければならない場合もあります。通える範囲にうさぎを診てもらえる動物病院はあるでしょうか？

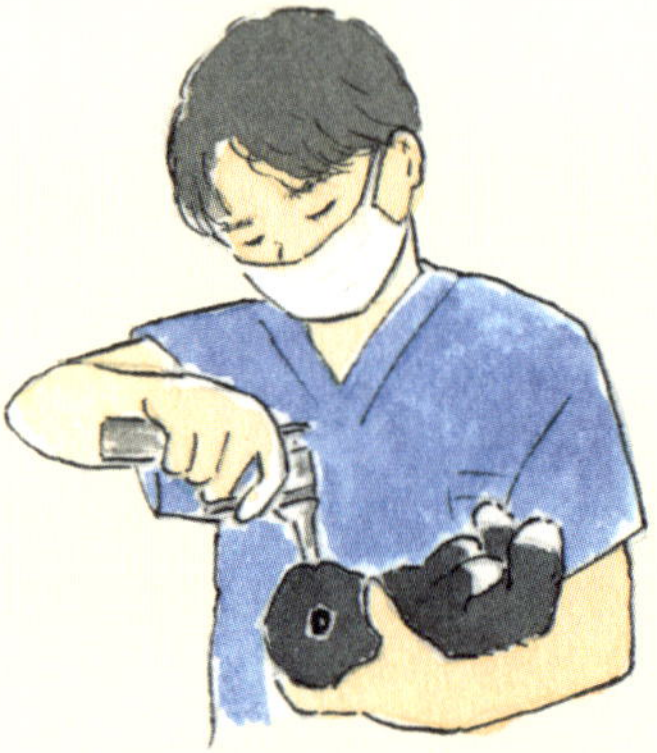

＊エキゾチックアニマル……犬猫や、牛や豚などの産業動物以外の動物の総称。

6 うさぎのための時間

毎日朝晩のケージの掃除、牧草やペレットの交換、抜け毛のお手入れ、うさぎを部屋に出して遊ばせるまとまった時間など、うさぎのために使う時間が日常的に必要になります。また、健診や病気の診察などで動物病院に連れていく必要もあります。うさぎの病気は緊急疾患で、一分一秒を争う事態になることも多々あります。限られた時間をうさぎのために使う余裕はあるでしょうか？　いざというとき、すぐに動物病院に連れていくことはできそうでしょうか？

7 家族の理解

うさぎを迎えるにあたってご家族の理解は得られているでしょうか？　世の中には動物が苦手な人もいます。また、うさぎにかかる諸々の費用を家計の中から捻出することに対して、家族の中に難色を示す人がいる場合もあります。このようなときに家族間で対立が起こり、関係が悪化してしまうケースがあります。うさぎは繊細で敏感な側面があり、そのような家庭環境ではストレスを抱え病気になることもあります。誰かが我慢している状況でうさぎとの暮らしを維持するのは難しいです。事前に家族とよく話し合いましょう。

8 健やかなるときも病めるときも

あなたは健やかなるときも病めるときも、うさぎを伴侶とし愛し続けることができますか？　ほとんど結婚ですが、うさぎと暮らすということはそういうことです。野生から切り離されて人間社会に取り込まれたうさぎは、人のお世話がなければ生きていけません。たとえ自分が忙しくても体調が悪くても、うさぎが生きていくためには日々のお世話が必要になります。うさぎを生涯にわたって大切にすることができるでしょうか？

このように、うさぎと暮らすためにはクリアしなければならない条件があります。それでも人がうさぎと一緒に暮らしたいと思える原動力は、うさぎへの愛情と共有する時間と空間の価値にあります。共に暮らす中で、人とうさぎの間にはお互いに心地よい理解と距離感が生まれ、かけがえのない存在になっていきます。幸せに暮らすうさぎは人を幸せにします。

うさぎが不幸を回避し幸福になるために、差し当たって飼い主さんに覚えておいてほしいことがあります。**最重要事項は以下の3項目**です。時間の無い人は、まずここから読んでいただければと思います。

1 大量の牧草
（▶2章　40〜43ページ）

2 温度管理
（▶3章　84〜85ページ）

3 避妊去勢
（▶4章　104〜106ページ）

Staff
カバーデザイン 株式会社フレーズ（岩瀬恭子）
本文デザイン saut（鈴木明子）
DTP 有限会社 ZEST（長谷川慎一）
編集 株式会社スリーシーズン（伊藤佐知子）
執筆協力 大野瑞絵

1章

体の仕組みとお世話

うさぎの体はさまざまな仕組みが複合し、野生の生息環境に適応した草食動物として完成しています。うさぎと暮らすうえで、うさぎがどんな動物でどんな体の特徴があるか知っておくことは大切ですが、ここではお世話をするうえで知っておいて欲しい体の仕組みに絞って紹介していきます。

歯の仕組み

伸び続ける歯VS絶え間ないモグモグ

うさぎの歯には切歯（前歯）と臼歯（奥歯）があります。切歯で植物を切り取り臼歯ですり潰して食べます。うさぎは全ての歯が常に伸び続けていますが、草木をすり潰すときのモグモグで上下の歯がこすれあって、いい感じにすり減ることでバランスが取れるようになっています。このときに植物に含まれるケイ酸体、セルロース、リグニン等が研磨剤として働きます。自然界においてうさぎの歯が伸びる速度は、野生の植物を常食としたときにちょうどいいバランスですり減るよ

うさぎの歯

おとなのうさぎの歯は全部で 28 本。犬歯はなく、上顎の切歯は手前に 2 本、奥に 2 本と二重になっています。噛み合わせが正しいと、口を閉じたときに下顎切歯が上顎切歯の間に納まります。

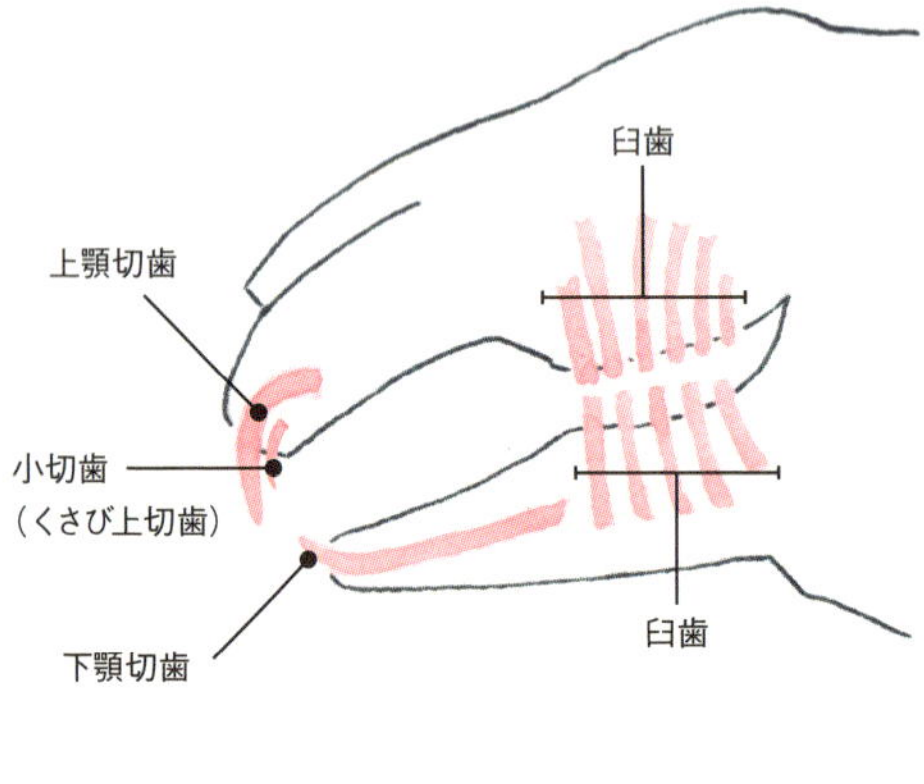

うに設定されています。野生の植物は人間にはとても食べることができない繊維質バリバリのもので、飲み込むまでにかなりの回数のモグモグを必要とします。サクサクかみ砕いて食べるペレットや、人間が食べられるレベルまで繊維質を減らした軟弱な植物（野菜）のような安直な食べ物だけでは、モグモグの回数不足で歯が伸びてしまいます。また、低栄養の草から十分な栄養を摂取するためには大量に食べる必要があり、必然的にモグモグ回数が多くなります。

　うさぎの歯は繊維質豊富な植物を食べるために特化しており、長さを正常に維持するためには牧草のような繊維質バリバリの植物を常にモグモグしてもらう必要があるのです。

うさぎの咀嚼

食べ物（牧草）を食べるとき、顎を左右に動かしてすり潰すようにして食べます。そうすると、イラストのように上下の歯がこすれ合うことで削れていきます。

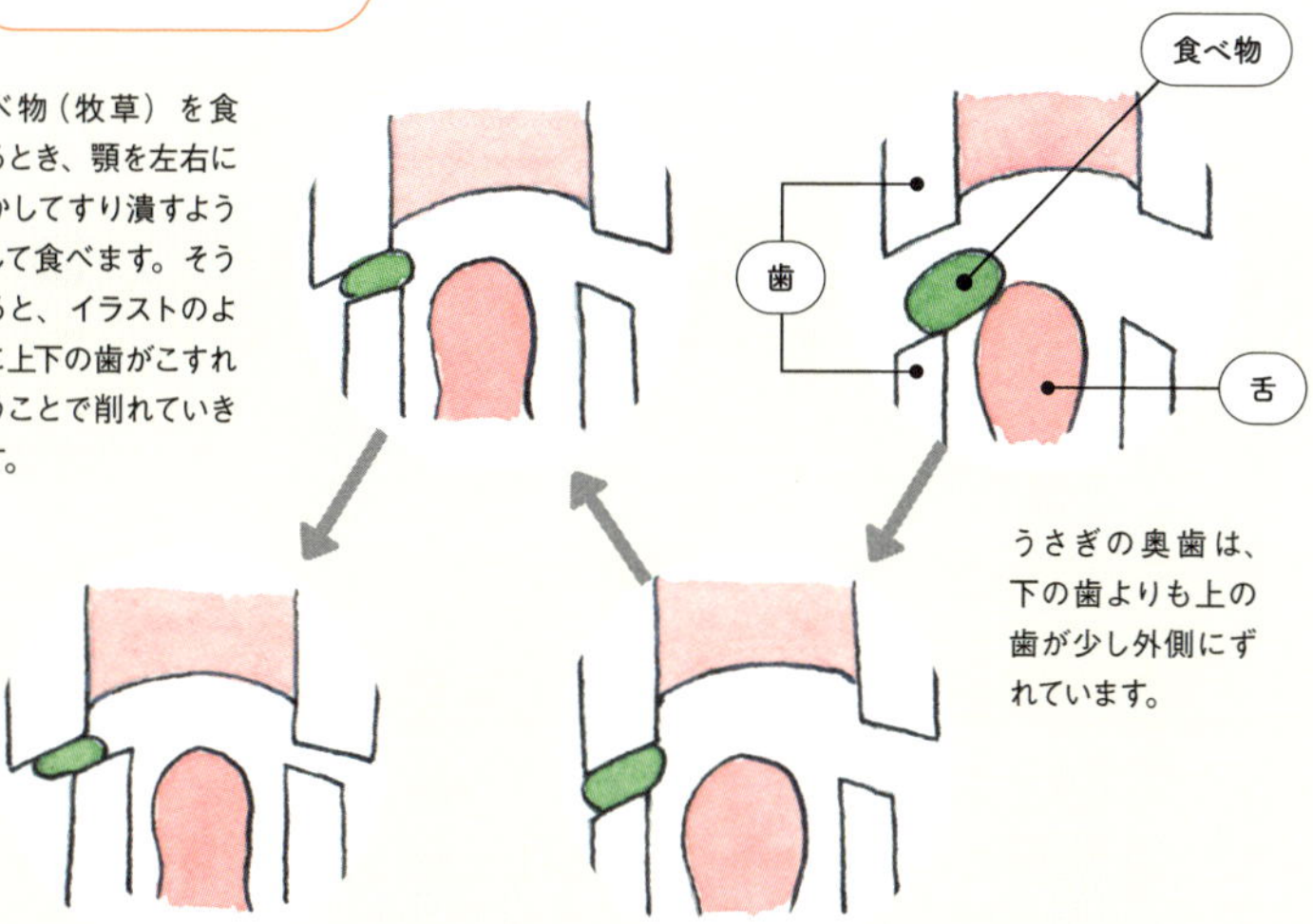

うさぎの奥歯は、下の歯よりも上の歯が少し外側にずれています。

消化管の仕組み

植物がうさぎの一部になるまで

①歯ですり潰した植物は、胃や小腸の酵素によって各栄養素に分解されます。単糖類、脂質、ビタミン、アミノ酸、電解質などは、小腸で吸収されてうさぎの一部になります。繊維質は吸収されずに結腸に移動し、サイズによって仕分けされます。②大きい繊維（不消化性繊維）は肛門に向かって移動し、コロコロ便になります。③細かい繊維（可消化性繊維）は盲腸に移動して盲腸内微生物によって分解されます。このようにうさぎの胃腸は繊維質を結腸まで移動させる必要があるため、体内に繊維質が入ってくると胃腸運動が活発になる仕組みになっています。逆に繊維質不足では胃腸の運動が低下する病気（俗に消化管うっ滞と呼ばれる）に罹りやすくなります。

　盲腸内には様々な微生物が棲んでいて、入ってきた細かい繊維質をアミノ酸、揮発性脂肪酸、水様性ビタミン、ミネラルなどに代謝します。揮発性脂肪酸は盲腸から吸収されてうさぎのエネルギー源になります。アミノ酸、水様性ビタミン、ミネラル等は盲腸便の材料として結腸に移動し、結腸でゼラチン質の粘液でおおわれ盲腸便として肛門から排泄されます。

うさぎの消化管

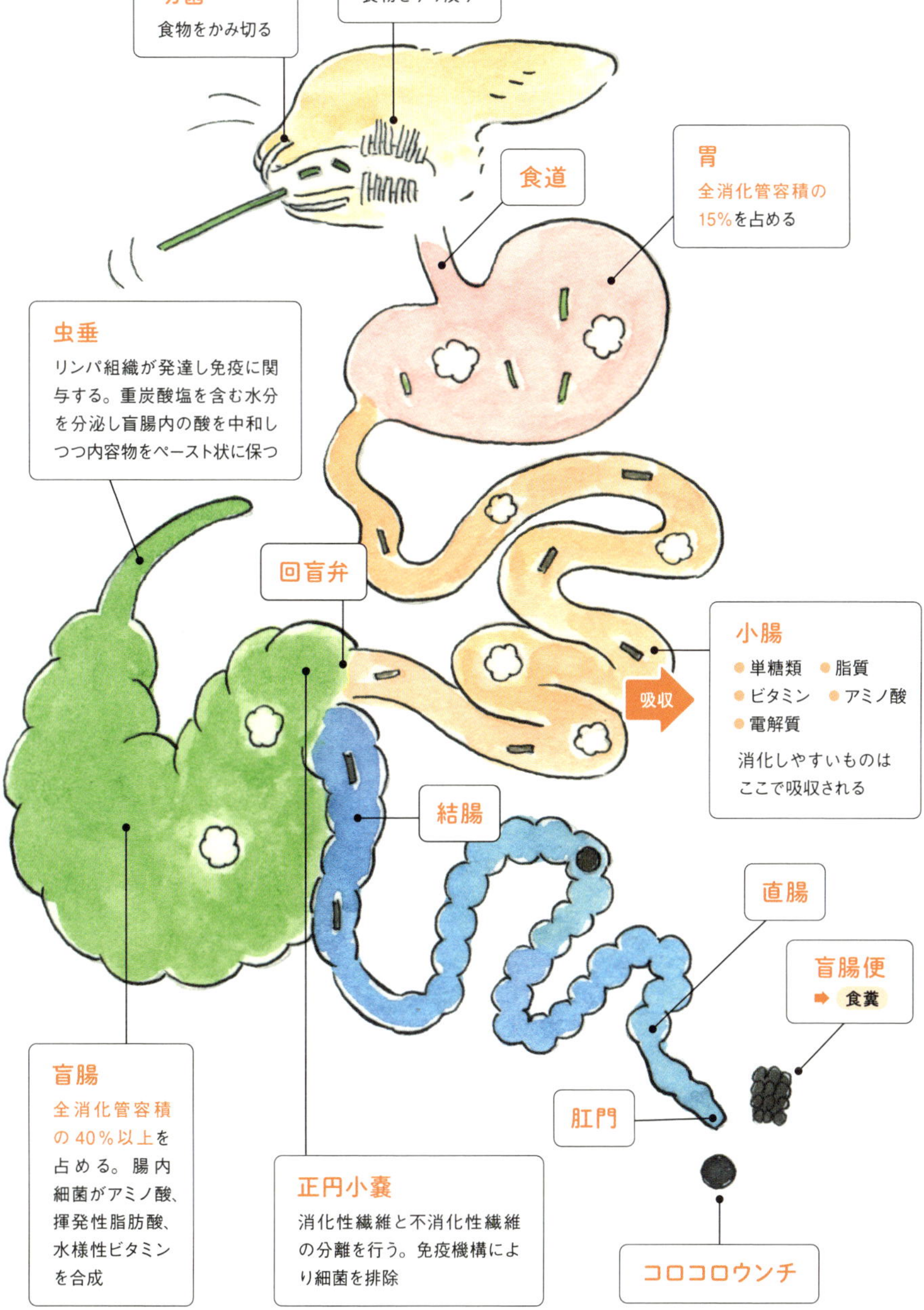

臼歯
食物をすり潰す
切歯
食物をかみ切る
食道
胃
全消化管容積の15%を占める
虫垂
リンパ組織が発達し免疫に関与する。重炭酸塩を含む水分を分泌し盲腸内の酸を中和しつつ内容物をペースト状に保つ
回盲弁
小腸
単糖類
脂質
ビタミン
アミノ酸
電解質
吸収
消化しやすいものはここで吸収される
結腸
直腸
盲腸便
食糞
肛門
盲腸
全消化管容積の40%以上を占める。腸内細菌がアミノ酸、揮発性脂肪酸、水様性ビタミンを合成
正円小嚢
消化性繊維と不消化性繊維の分離を行う。免疫機構により細菌を排除
コロコロウンチ

盲腸便の話

盲腸便が排泄される瞬間にうさぎは肛門に直接口をつけてこれを食べます。うさぎが食べた盲腸便に含まれる栄養素は小腸から吸収されてうさぎの一部になります。盲腸内微生物は繊維質からエネルギー源を取り出すとともに小腸で吸収できない繊維質を小腸で吸収できる形（盲腸便）に加工しています。このようにして、うさぎが食べた植物はうさぎの胃腸を旅しながらうさぎの一部になっていきます。うさぎが胃腸の運動と栄養を維持していくためには牧草のように繊維質が豊富な植物が必要なのです。

腸内細菌叢の話

前項で述べたようにうさぎの腸内には様々な微生物が棲んでおり腸内細菌叢を形成して繊維質を栄養に変えています。腸内細菌は相互に複雑な関係性にあります。単純化した図で説明しましょう。

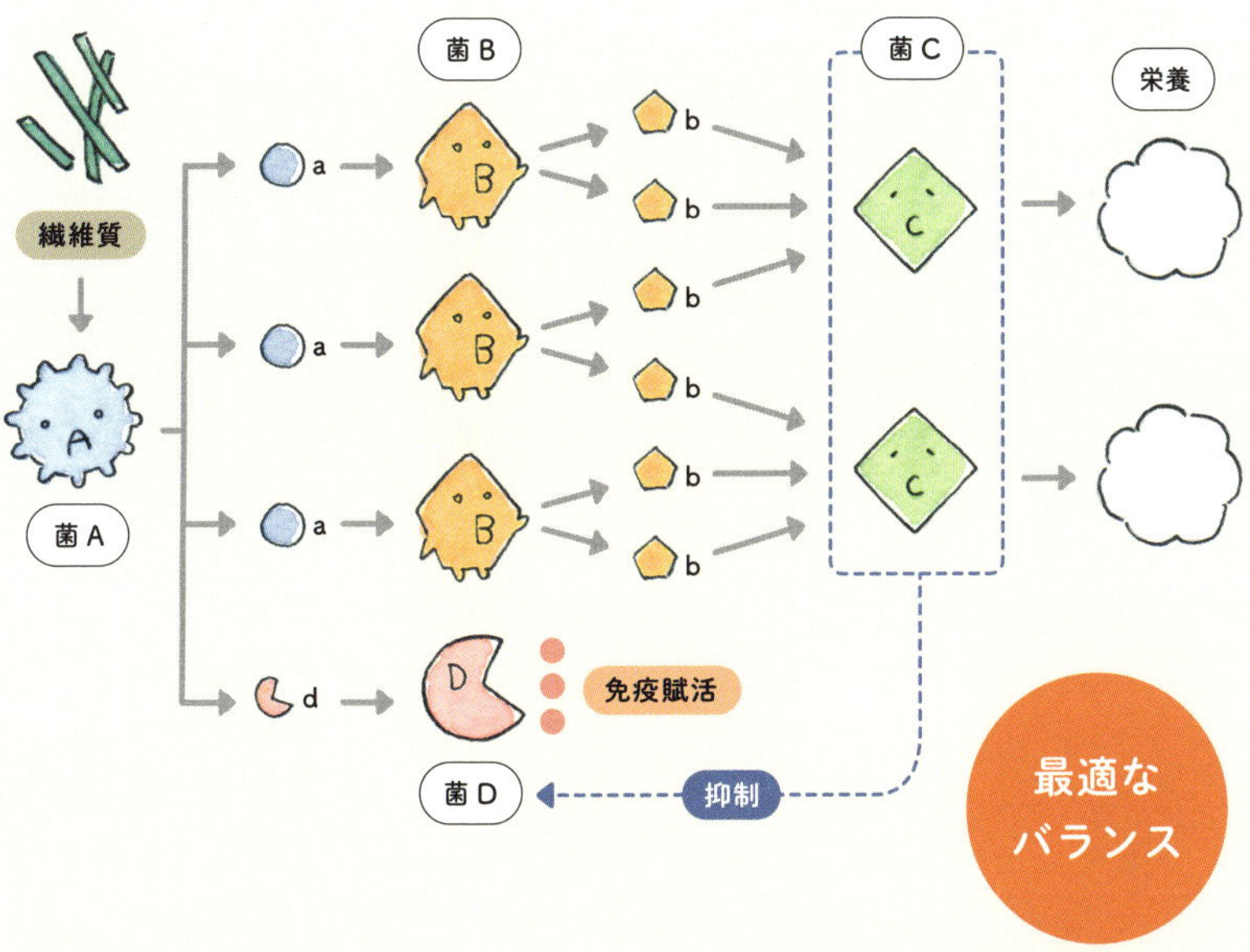

菌 A が繊維質1個を栄養として物質 a を 3 個、物質 d を1個作り出します。菌 B は物質 a 1個を栄養として物質 b を2個作り出します。菌 C は物質 b 3個を栄養としてうさぎの栄養1個を作り出します。菌 D は物質dを栄養としてうさぎの体にちょっと刺激のある物質を作り出し、うさぎの免疫細胞がなまらないように訓練しています（免疫賦活）。また菌Cは刺激のある菌Dが増えすぎないように菌Dの増殖を抑えています。繊維質1個に対して菌Aが1、菌Bが3、菌Cが2、菌Dが1の比率のときに最もバランスがとれた状態になります。

病原菌Eが侵入した場合

ここで、本来いないはずの病原菌Eが侵入して物質aを横取りしたとします。すると物質aを栄養とする菌Bが1減り、連鎖的に菌Cも1減ります。その結果作り出される栄養が減るとともに、菌Dへの抑制が弱くなり、刺激のある菌Dが増殖します。菌Dの刺激は少量であれば適度な免疫の訓練になりますが、多すぎると炎症を引き起こします。

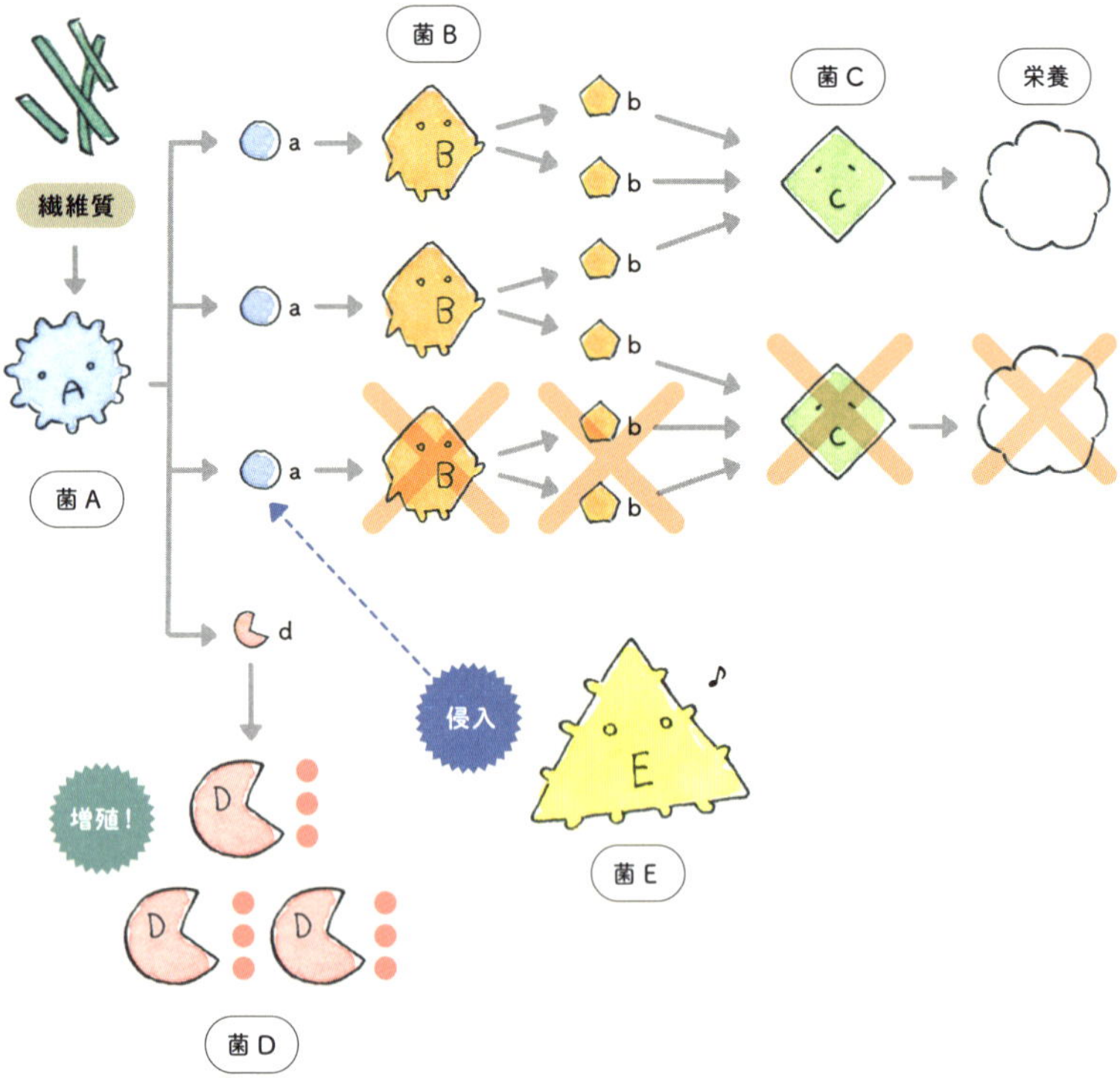

このように腸内細菌の比率のバランスが崩れてしまうと連鎖的に問題を引き起こします。他にも菌Dの栄養になるような物質が盲腸内に大量に入ってきたり、菌Cだけを減らす抗生物質が投与されたりすると、菌Dが増殖して炎症を引き起こします。このような状態を**腸内細菌叢の攪乱**といいます。

菌Aが1、菌Bが3、菌Cが2、菌Dが1を最適なバランスのセットとします。病原菌Eが侵入してきたときに、最適なバランスが1セットと6セットある場合を比較してみましょう。

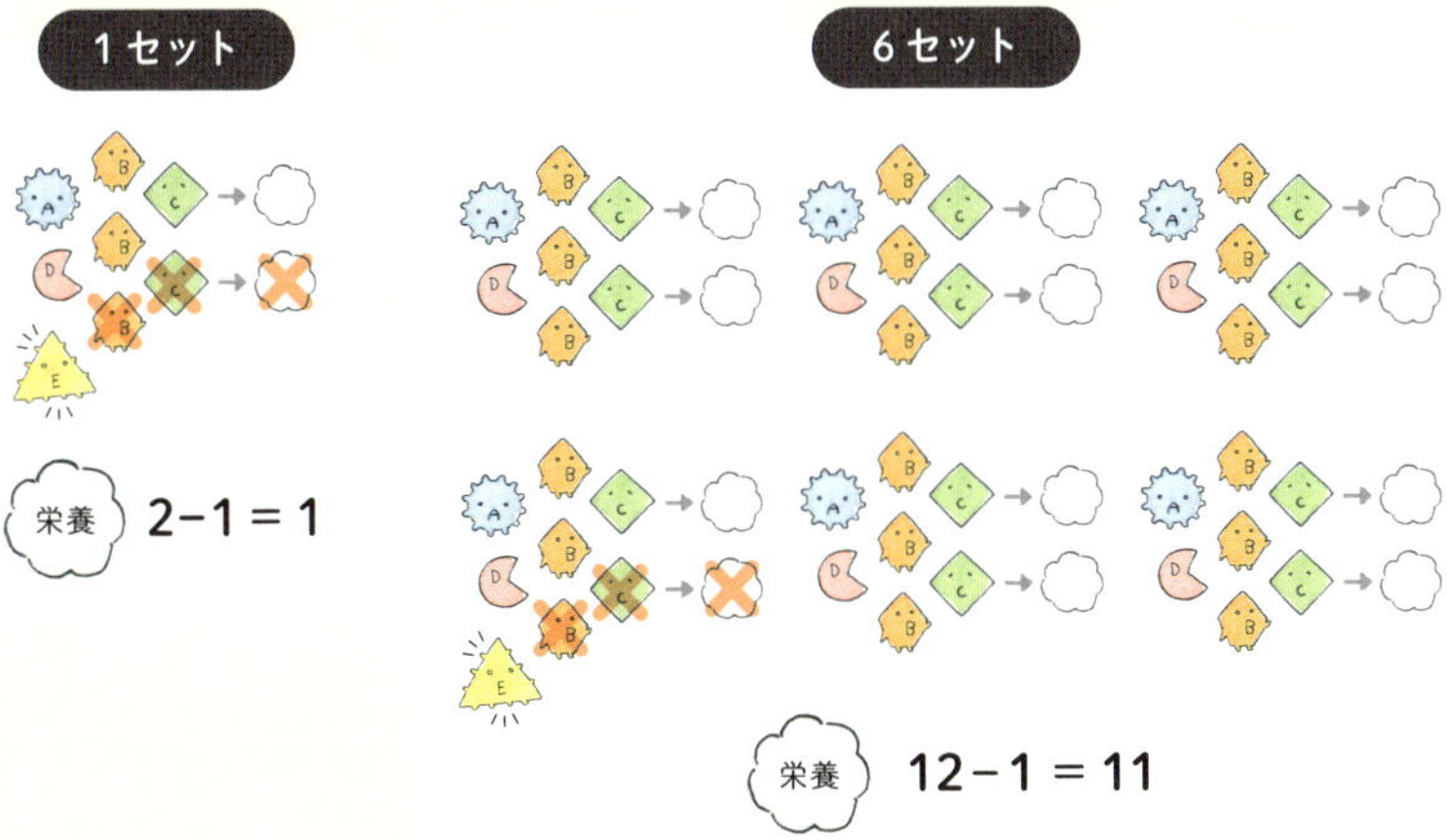

どちらも菌Bと菌Cが1ずつ減少しますので菌Cが作り出す栄養も1個ずつ減ります。1セットの場合は作られる栄養は2分の1（50%）となり、通常の半分に減ってしまっています。一方、6セットの場合は12分の11（91%）ということになり、全体としてはそれほど影響を受けません。このように、適切なバランスを保ったままの腸内細菌の絶対数が多いとトラブルが起こったときの影響が少なく、腸内が安定します。これを腸内細菌叢のロバストネス（頑健性）が高い状態といいます。

このモデルでは菌Aを起点とした連鎖によって菌Bと菌Cの比率が決まっていますので、菌Aの栄養である繊維質が大量に盲腸に入るようにすれば、ロバストネスを高めることができます。糖質など繊維質以外のものだと、菌Aの栄養にはならず、BやCを増やしていくことができません。腸内細菌は善玉菌を増やして悪玉菌を成敗すればいいとか、善玉菌のサプリメントをとればいいなどという単純なものでは無く、バランスを保ったまま絶対数を増やすことが大切であり、そのために繊維質豊富な牧草が必要なのです。

注意したい「肝リピドーシス」の話

重要だけど少し難しい話になります。まずは結論だけ覚えてください。

「摂取カロリーが不足でも過剰でも肝リピドーシスという病気になって命が危ない」

盲腸で植物の繊維質から揮発性脂肪酸が作られることを前項で紹介しました。揮発性脂肪酸は肝臓でグルコースに変換されてうさぎのエネルギーになります。うさぎが食欲不振になると非常手段として脂肪を分解して無理やりエネルギーを作ろうとします。まず、脂肪がグリセロールと脂肪酸に分解されます。グリセロールは肝臓でグルコースに変換されてエネルギーになりますが、脂肪酸は肝臓の脂肪として蓄積します。エネルギー不足の状態が続けば肝臓に大量の脂肪が蓄積して脂肪肝となり、肝臓の機能が障害されてしまいます。このように栄養不足によって脂肪肝になることを**肝リピドーシス**といいます。

逆に栄養をとりすぎた場合も過剰なグルコースが脂肪に変換されて肝臓に蓄積し脂肪肝になります。肥満の場合、肝臓に最初から脂肪が蓄積しているため食欲不振で肝リピドーシスに陥ったとき、より急速に重症化し

ます。肝臓は栄養の代謝、解毒、消化酵素の合成など重要な役割を果たしている重要な臓器ですので障害されてしまうと生存が難しくなります。

一度脂肪肝になった部分が正常な状態に戻るには長い時間がかかりますし重症化すると回復不能になります。このような仕組みがあるためにうさぎの食欲が低下してしまったときに様子を見るという選択肢はありませんし、肥満にしてはいけないのです。

肝リピドーシスは初期には無症状でかなり重症化するまで症状がまったく出ないため気づき難くその存在を知識として知っていることが重要です。予防のポイントは糖質や炭水化物の多い食物を避ける、定期的に体重を量る、定期健診、食欲が低下したときは様子を見ずにすぐに動物病院を受診することです。

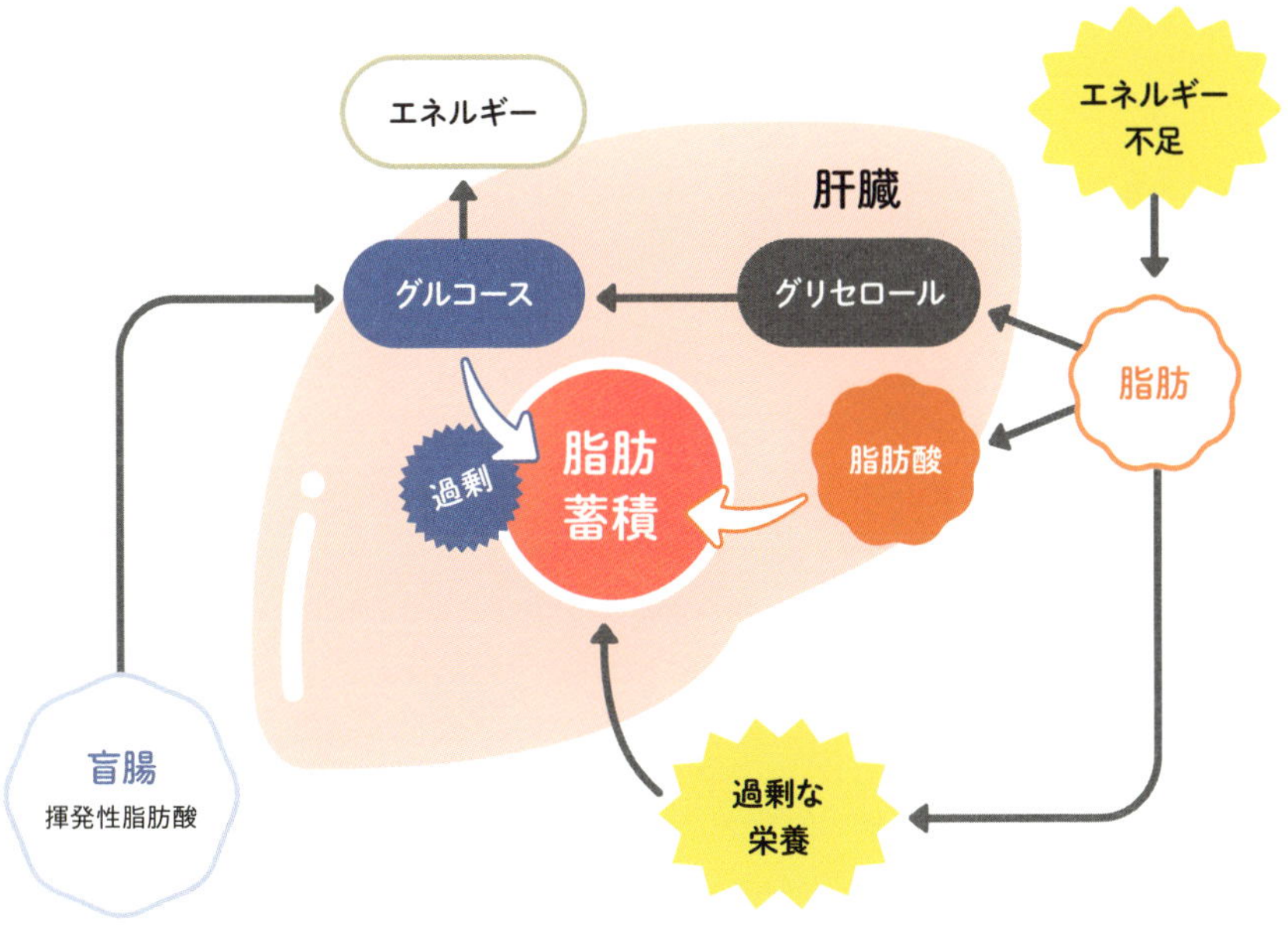

うさぎの睡眠

活発に活動するとうさぎは疲れてきます。睡眠は身体の活動を最小限まで低下させて体の機能を回復させる技です。また、情報を整理して記憶を強化する働きもあるとされています。睡眠にはノンレム睡眠とレム睡眠があります。うさぎは早朝と夕方に活動し日中と夜に睡眠をとる生活リズムに適応しています。このリズムを維持することで適切なノンレム睡眠とレム睡眠のリズムを形成し、うさぎの脳と体が元気に回復します。睡眠は健康と寿命に深くかかわっています。うさぎが眠っているときは起こさないようにしましょう。

脳の眠り＝ノンレム睡眠

ノンレム睡眠中には脳細胞の活動が低下して、脳が眠っている状態と活動している状態を繰り返しています。覚醒時のうさぎは視覚、嗅覚、聴覚、触覚、味覚（五感）を通して、絶えずこの世界の情報を集めています。入ってきた膨大な情報は脳に集まってさばかれますがそのエネルギー消費は非常に高く、連続運転するとオーバーヒートしてしまいます。したがって脳を休ませる必要があり、その役割を果たしているのがノンレム睡眠です。

身体の眠り＝レム睡眠

ノンレム睡眠とは逆で、レム睡眠中は脳が働いて身体が眠っています。脳が働いているので夢を見ます。睡眠中のうさぎが口をもぐもぐさせたり手足を動かしているのを目撃した経験がある人も多いと思います。うさぎも食べる夢や走る夢を見ているようです。レム睡眠中のうさぎは身体を休ませるために、筋肉の緊張がゆるんでだらーんとした状態になり､人間はその様子を写真に撮って「溶けている」とか「液体になっている」などとコメントをつけてSNSにアップして喜んだりします。

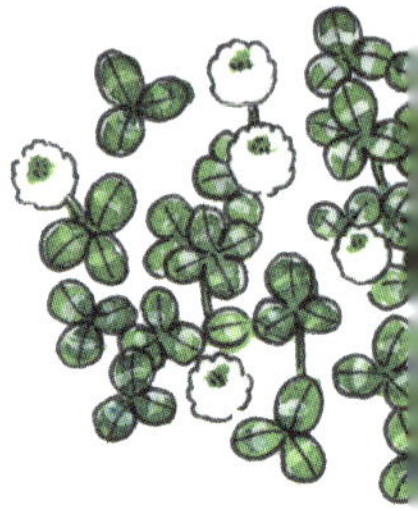

病原体 vs うさぎの免疫＋飼い主

　人と暮らすうさぎは天敵である肉食動物の脅威からは逃れているものの、細菌やウイルスなどの病原体や体内で発生する腫瘍細胞といった目に見えない敵は依然として存在しています。これらに対抗するための仕組みが免疫です。

　1次防御は毛や皮膚のような防御壁、鼻や口の粘膜のようなネバネバトラップ、鼻水や涙のような洗い流しによって物理的に病原体の侵入を防ぐ仕組みです。2次防御は侵入してきた病原体などを様々な細胞が攻撃して破壊する仕組みです。3次防御は過去に2次防御を突破されて侵入を許した病原体を記憶しておいて、いつ侵入してきてもすぐに攻撃できるように備えてある獲得免疫です。ワクチンはこの3次防御の仕組みを利用した予防方法です。これらの免疫による防御システムをすべて突破されると、病原体の侵入を許し、病気になってしまいます。

　免疫を突破されてしまう原因のひとつは病原体の数が多すぎて免疫系が対応しきれなくなることです。つまり病原体の数を減らすために掃除や換気をして環境を清潔に保てばいいのです。また、免疫系が正常に働かないと

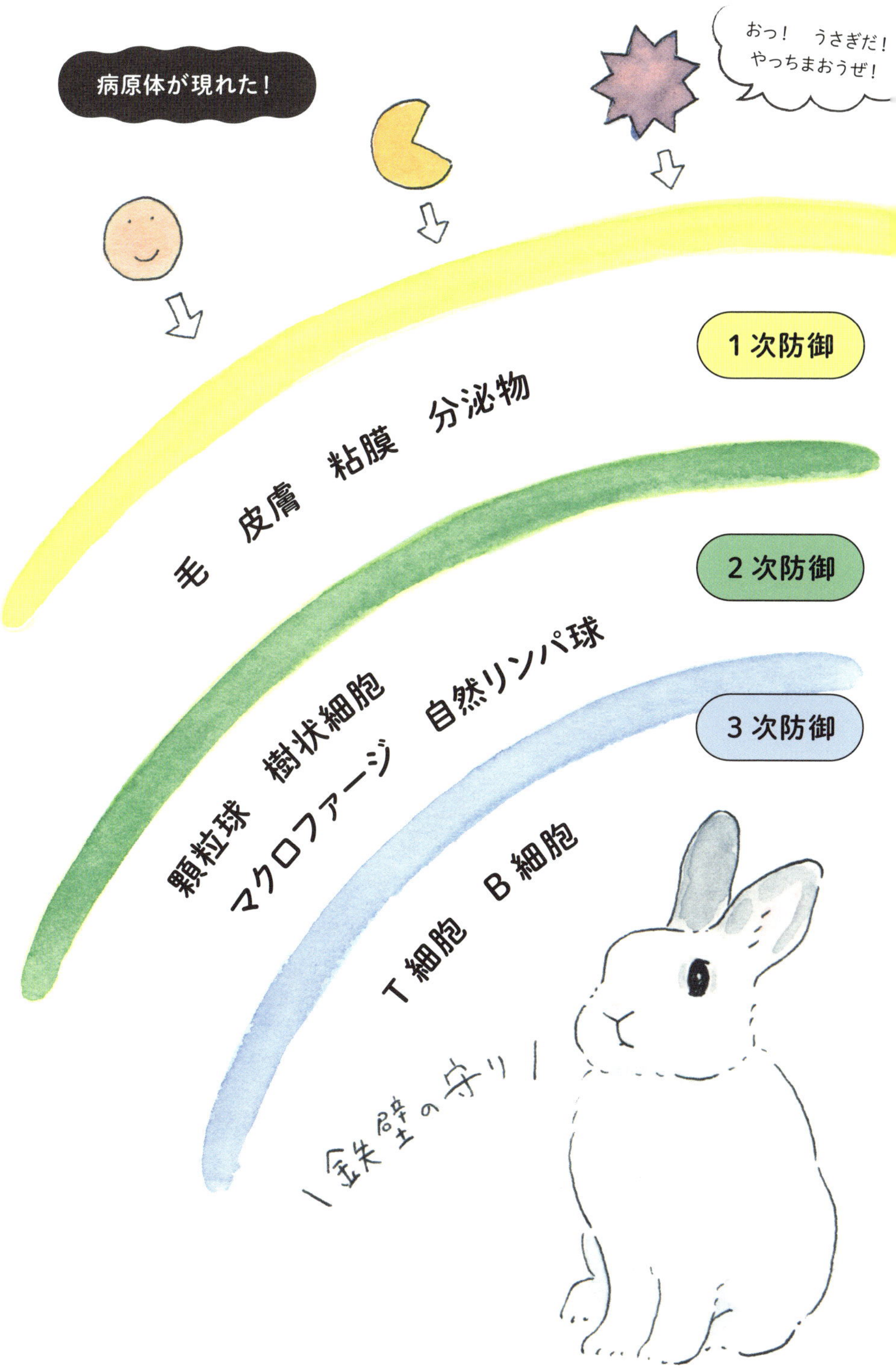
病原体が現れた！
おっ！　うさぎだ！
やっちまおうぜ！
1次防御
毛　皮膚　粘膜　分泌物
2次防御
顆粒球　樹状細胞
マクロファージ　自然リンパ球
3次防御
T細胞　B細胞
＼鉄壁の守り／

病原体の侵入を許してしまいます。

いかにして免疫機能を正常に保つかも重要になります。私たち人間が寒いと風邪をひきやすくなるように、不適切な温度のもとでは免疫細胞は適切に働きません。免疫機能を低下させる要因は不適切な環境、栄養不良、ストレス、病気などです。したがってストレスを避けて適切な飼育をすることが免疫を正常に保つことに貢献します。

また、免疫に関わる細胞は血管やリンパ管を移動してうさぎの全身に分布しますが、適度に運動をすることで血流やリンパの流れが改善し免疫細胞が適正に働きやすくなります。運動はストレス解消としても免疫の安定化に貢献します。

腸内環境を構成する成分と腸内細菌の代謝物は免疫系の機能を制御しています。

先に述べた腸内細菌叢の安定化が免疫系の安定化にもつながります。つまり、牧草をたくさん食べればよいのです。

免疫系は細胞であり体の一部ですから、正常に働くためには温度や栄養などうさぎに適した条件を整えるようなお世話をしてあげればよいのです。すなわち、本書で紹介する日々のお世話そのものが、免疫系を正常に保つための0次免疫としてうさぎを丸ごと守っているのです。

おうちでも健康チェック

健康チェックの基本は日常的な観察で「いつものうさぎ」の状態を把握していることです。日頃からよくうさぎを観ていて、違和感にすぐに気づけることが病気の早期発見につながります。おうちでの健康チェックと、病院での定期健診のダブルチェックでうさぎを守りましょう。

食欲・飲水	● いつものようにチモシーやペレットを食べているか ● 食べにくそうな様子やよだれはないか ● 水を飲んでいるか
排泄	● いつものようにおしっこや便は出ているか ● 便の形、大きさ、色に異常はないか ● 血便や血尿はないか
動き	● 元気はあるか ● ふらつきや手足をかばっている様子はないか
体重	● 体重の持続的な減少や増加がないか
身体	● フケ、脱毛、できもの、出血はないか ● 痒みはないか
眼	● 眼の色は正常か ● 流涙はないか ● 眼をしょぼしょぼしたりつぶっていないか
呼吸	● 呼吸は荒くないか

2章

牧草を食べさせることが飼い主の使命

うさぎに与える食べ物として様々なものが市販されています。何をどのくらい与えればよいのでしょうか？　うさぎの食生活について考えていきましょう。

うさぎの食事　知っておきたいこと①

嗜《し》好《こう》性《せい》は一方通行

うさぎが生涯に渡って良好な食生活を送るために、念頭に置いておくべき予備知識をまとめます。

ひとつめがうさぎの嗜好性についてです。好んで食べるかどうかの指標を「嗜好性」といいます。美味しいものはより食いつきがよくなります。美味しいものを食べることはうさぎにとって楽しみでもありますが、好きなものしか食べなくなってしまう「偏食」につながります。

例えば「一番美味しいもの」しか

ごはん

食感が良い、食べやすい…

食べなくなってしまった場合、それは飼い主さんが美味しいものをどんどん与えてしまったということです。そして、そういう美味しいものは大抵うさぎの健康には悪いのです。嗜好性は食べ物の味、食感、香りなどに左右されますが、特に甘味には注意が必要です。ひとたび嗜好性重視の甘いペレットやおやつに味覚がなじんでしまうと、牧草やそれ以外のペレットを食べなくなってしまう場合があります。

　このように嗜好性は一方通行であるため、長く健康的な食生活を維持するには、食事の選択の際に嗜好性について常に考慮しておく必要があります。

うさぎの食事　知っておきたいこと②

兵糧《ひょうろう》攻《ぜ》めは絶対にダメ

　うさぎの食事内容を急に変更するのは危険です。最も危険な考え方は「限界までお腹が空けばあるものを食べてくれるだろう」という兵糧攻めです。

　「ペレットは体重の○％」という情報をインターネットで仕入れた飼い主さんが急にペレットを減らし、衰弱するケースや、牧草を食べる量を増やそうという目的でペレットを急に減らしてうさぎが肝リピドーシスで瀕死に陥るケースが後を絶ちません。ペレットが体重の何％であるかという数字が重要なのではなく、生きていくのに必要な栄養を確保した上で牧草の量を最大化することが重要なのです。

　ペレットの種類を急に変更するのも危険です。うさぎは食べ物に対して保守的であることが多く、たとえ空腹でも見慣れないものは食べずに衰弱してしまう場合があります。

　どんな状況でも「空腹にさせて○○を食べさせよう」という考え方はきわめて危険ですので絶対にしないようにしましょう。

※食事の実践の仕方、ペレットの減らし方、その他食の変更の仕方については後述します。

うさぎには何を食べさせればよいか？

自然界ではうさぎが植物を食べて排泄し、排泄物を微生物が分解して土に栄養を与え、それを糧として植物が育ちそれをまたうさぎが食べる……といった元素の循環が営まれてきました。

うさぎにとって草は生物学的に最も自然な食べ物です。実際、うさぎの歯や消化器官は明らかに草を食べるために進化したとしか思えないような構造と機能を備えています。うさぎに草を与えるという行為はうさぎという生物種の進化と生存戦略そのものに対するリスペクトでもあるのです。したがってうさぎに何を食べさせればいいかといえば「草食動物は草を食べる生物なので草を与える」という極めて自然で当たり前の結論になります。

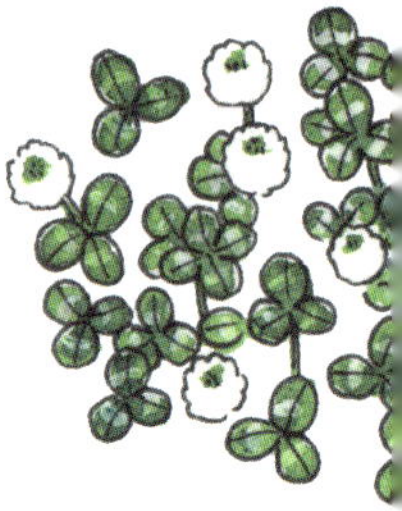

うさぎの食事　知っておきたいこと③

「うさぎの主食」＝「牧草」

地球にはいろいろな草がありますが、人と暮らすうさぎに与える草として適しているのは牧草です。牧草には、繊維質が豊富に含まれ、その繊維質が咀嚼《そしゃく》による歯の咬耗《こうもう》を促進して不正咬合を防ぎ、消化管の機能と腸内微生物叢《そう》を最適化して様々な病気からうさぎを守ってくれます。牧草は牛や馬の飼料として各地で栽培されているため、市場への供給も安定しています。草食動物であるうさぎの身体は、草を食べることで最適な状態になるようにできています。なので食事に占める牧草の割合を最大にする意識が大切です。

牧草はうさぎと共にある

口寂しいときにかじったり、牧草の山を崩したり、ぶん投げて遊んだり、牧草の上で眠ったり…うさぎはケージの中で常に牧草と過ごしています。牧草は常にうさぎの傍らにあってうさぎを支えています。車での移動時など緊張しがちなときはいつもの慣れ親しんだ牧草をキャリーバッグに一緒に入れておけば、たとえ食べなくても慣れ親しんだ香りがうさぎの心の支えになるでしょう。

牧草を食べる量を最大化するための基本方針

牧草の割合を最大化するためにはどうしたらいいか？　基本は次の 3 点

- 「わかった」という人→ p.46 へ進んでください。
- くわしく知りたいという人→ p.41~45 のポイントをお読みください。

1 十分な量（相当過剰な量）を与える

牧草を超スーパー山盛りにする（超とんでもなく大量）。

2 残量の評価

牧草が半日以内に半分以上減っているようであれば入れる量が少なすぎたと考え、大増量する。

3 全とっかえ

半日経ったらどんなに残っていても全て捨てて新しいものに入れ替える。

牧草を与えるときのポイント

山盛りの中から美味しい
牧草を選んで食べるのも、
うさぎの楽しみのひとつです。

POINT 1 美味しい部分が食べ放題に

「牧草を食べ放題にする」とよく言われますが、食べ放題にしているつもりで実際は食べ放題になっていないケースが多々あります。「牧草を食べ放題」とは「牧草のうち、うさぎにとって美味しい部分が食べ放題」になっている状態のことです。うさぎは牧草の美味しくない部分は散らかしたりぶん投げたりして美味しい部分だけを選んで食べます。一見牧草がたくさん残っているかのように見えても、うさぎにとっては美味しくない部分が残っているだけになっていることが多いです。牧草は量が過剰な分には問題がありませんが、不足すると様々な問題を引き起こします。市販の牧草フィーダーや牧草入れなどは小さすぎて限界まで詰めても現実的には全然足りていません。直置きで超スーパー山盛りにしましょう。

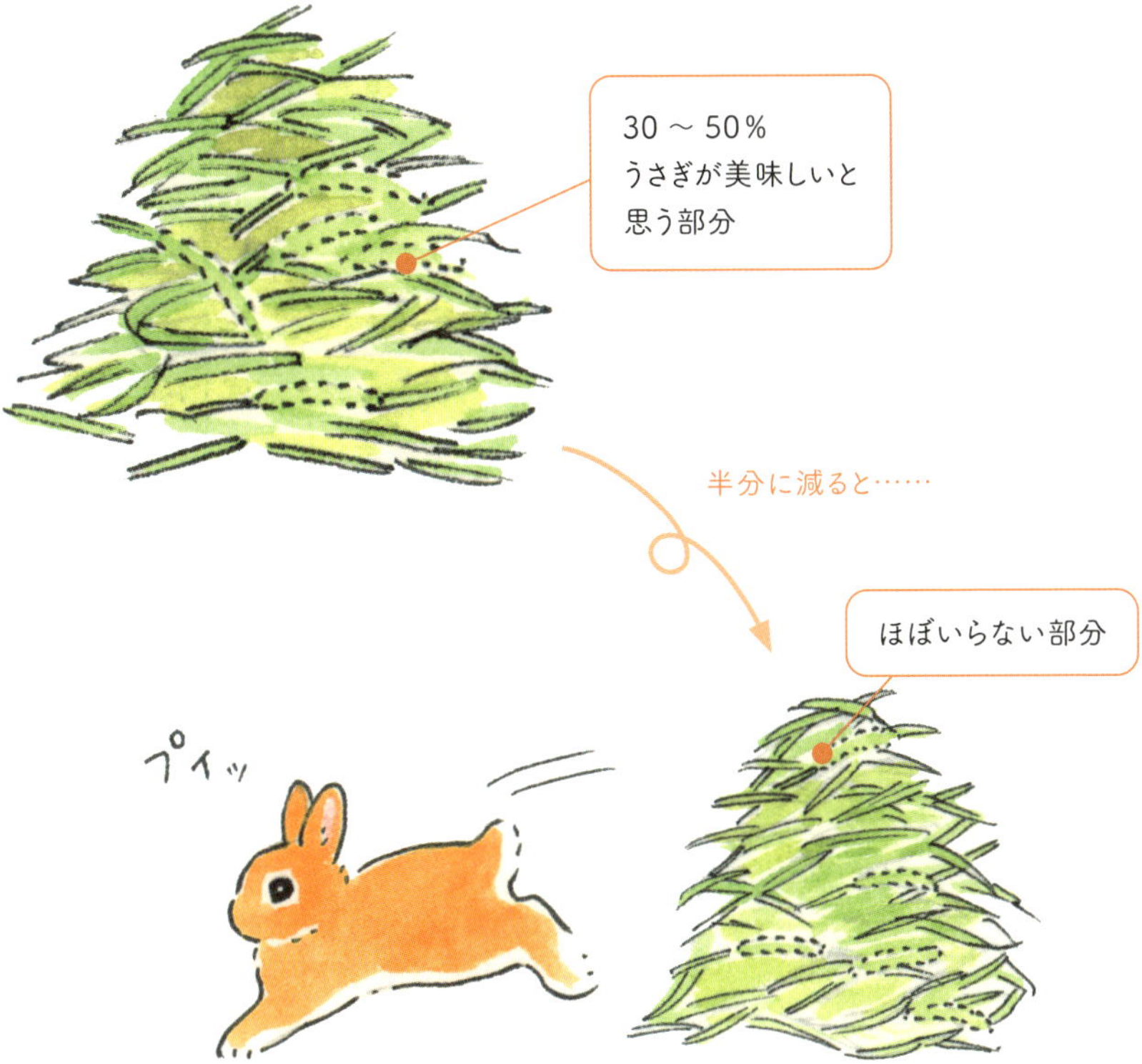

POINT 2 牧草が半分まで減っていたら不足と考える

牧草の種類やうさぎの好みにもよりますが、多くの場合、うさぎが積極的に美味しく食べる部分はせいぜい全体の30%～50%程度です。人間からは「まだ半分残っている」と見えるかもしれませんが、うさぎが見ると残っている牧草は「食べたくない（食べられない）部分」ということで、いってしまえば「ゴミ」同然。食べたくない部分をずっと入れておいても、口をつけてくれる可能性は低いのです。牧草の摂取量を最大化するためには、入れておいた牧草が半分程度まで減ってしまっているようであれば全然足りていなかったと考えたほうがよいでしょう。残っているものは全部捨てて、さらに多い量を追加してあげてください。不足するよりは余裕を持って過剰に入れておくほうがよいのです。

POINT 3 牧草には当たりハズレがある

牧草は植物なので同じメーカーの同じ牧草であっても育ったときの気候、畑のコンディション、刈り取るタイミングなどが異なっていれば味が変化します。つまり牧草には味の当たりハズレがあるのです。同じ製品でも50%が美味しい部分だったり、30%しか美味しくなかったりします。美味しい部分が少ない場合、捨てる量は多くなりますがいつもより多く入れなければ、美味しい部分に当たる確率が低くなり、食事として不足になります。つまり、うさぎが食べないときは、「美味しい部分が少なかったかな?」と考え、より多く入れなければなりません。

POINT 4 牧草が美味しそうであること

袋から出した牧草は徐々に湿気ったり香りが薄れたりして、食いつきが悪くなりますので、どんなに残っていても半日経った牧草は全て捨てて新しい牧草に入れ替えます。また、牧草は品質を保つために密封して乾燥した場所に保管しましょう。開封後は早めに使い切るべきですが、そもそも一度に大量に与えるのですぐ無くなるはずです。

POINT 5 結局は経済的

牧草を大量に入れるというのは、人間から見ると捨てる部分が多いのでなんとなくもったいないような気がしてしまうかもしれません。しかし、牧草の摂取量を最大化すれば、病気のリスクが減るので医療費を大幅に削減することが期待できます。うさぎにかかる費用で最も高額になるのが動物病院の診療費です。医療費に比べれば牧草のコストは微々たるものです。結果的に牧草代を節約しないことが最大の節約になります。

「牧草をたくさん捨てるのはもったいない」と思ってしまいそうですが、牧草をたくさん与えなければうさぎにたくさん食べさせることはできないのです。

なぜ、うさぎにはチモシーなのか

牧草には様々な種類がありますが基本的にはチモシーをはじめとするイネ科の牧草がうさぎの主食に適しています。チモシーには様々な種類があり、それぞれ味、香り、硬さ、栄養成分等が異なっています。

うさぎにはチモシーがよいとされているのはなぜでしょうか？

もともと牧草は牛、羊、馬のような畜産業の草食動物の飼料として栽培されてきました。畜産業がはじまった一万年ほど前から長い年月をかけて草食動物の飼料に適した草が選別・改良されてきました。その結果、速い生育速度、様々な気候や土壌で栽培可能な適応性、病気や害虫に対する耐性、草食動物にとって優れた栄養バランスと高い嗜好性といった要素を兼ね備え、安定して入手できる高品質の草として現在の牧草が完成しました。特に寒冷に強い牧草であるチモシーは冷涼な気候で盛んな酪農業のために各地で大量に栽培されるようになりました。日本では北海道での栽培が多く、アメリカやカナダからも輸入されています。

うさぎは人と暮らして二千年程度の新参ですが、ちゃっかりこの一万年の伝統と英知の

結晶の恩恵にあずかっているわけです。生きていくためには食料の確保が最優先課題ですがチモシーは牛や馬のような大きな動物の飼料として十分な量が栽培されて流通しているため、これを主食として確保すれば小さなうさぎが食いっぱぐれることはないというわけです。

牧草にも嗜好性がある

牧草にも嗜好性があり、嗜好性が高い牧草は食いつきがよくなります。しかし、一度美味しすぎる超高品質の牧草の味を覚えてしまうと、それしか食べなくなるということも起こり得ます。嗜好性が高い牧草が常に手に入るのであれば問題ありませんが、世の中には美味しい牧草しか食べなくなったうさぎも多いので、品薄になり入手困難になる場合があります。

さらに、天候・気候などの影響

カナダ産チモシー＞アメリカ産チモシー

チモシー3番刈り＞2番刈り＞1番刈り

オーツヘイ＞イタリアンライグラス＞チモシー

生牧草＞乾牧草

嗜好性 高 ← 甘い、やわらかい、食べやすい…

牧草の嗜好性はうさぎによってかなり個体差があります。例えば上図のような傾向は一般的ですが、この場合まず嗜好性の高いオーツヘイを最初の選択にしてしまうとチモシーは食べないうさぎになってしまいます。したがってチモシー1番刈りをよく食べてくれるのであれば、これを主食として選択し、その他の牧草を温存するとよいです。

で味が落ちたときに、他に食べられる牧草の選択肢がないという事態になってしまう可能性もあります。嗜好性が高い牧草は後々のために温存しておいて、たまにおやつとしてあげるのがよいでしょう。

　また、病気や加齢が進んだうさぎでは、硬い1番刈りを咀嚼するのが難しくなってくる場合があります。そのような場合には、温存しておいたやわらかい2番刈りや3番刈りに移行していくとよいでしょう。

牧草を使い分けよう

主食
（食べ放題）
チモシー1番刈り

＋

レパートリーの拡張
いろいろなメーカーのチモシー

温存
（おやつ、食欲がないとき用）
チモシー2番刈り
チモシー3番刈り
オーツヘイ　など

チモシー1番刈りを常時食べ放題にして大量に与え、2～3番刈りやオーツヘイなどを少量付け合わせ程度に添えるか、時々おやつとして与えるとよいでしょう。病気や老齢時に1番刈りの食いつきが悪くなってくるようであれば、温存しておいた2～3番刈りやチモシー以外の牧草への移行を検討します。

ペレットは微調整

牧草を食べる量を最大化した上で、体重を維持できる量＋α（1～2g少し多め）にペレットを絶妙に調整します。

ペレットの量は「体重の○％」や「体重1kgあたり○g」等と記載されていることが多いですが、実際の適量はそれぞれのうさぎでかなり個体差があります。同じ体重のうさぎであっても5gで十分な場合もあれば、10g必要な場合もあります。

必要な栄養素の量は、個々のうさぎの牧草の摂取量、栄養の消化・吸収・代謝の能力、運動量、体型、体質、毛量、避妊去勢の有無など様々な要素に左右されます。

また、ペレットは製品ごとに成分が異なっています。同じうさぎであっても年齢と共に運動量や睡眠時間、基礎代謝などが変わってくるため、ペレットの適正量が変化していくことも多いです。したがってこれらの要素を全て無視して、体重1項目のみで一律に量を決定するのはさすがに無理があります。

ペレットの量を決めるときや、調整するときは、独断で行わずにかかりつけの動物病院で相談をしましょう。

ペレットの量を決めるときは慎重に

ペレットはちょっとした量の変化で、うさぎの健康上、大きな影響が出ることがあります。かなり慎重に調整する必要があるのです。

1

目分量で与えず、1日何g与えているのか毎回量ることが大切です。

2

体重の変化の傾向を見ます。体重は1日のうちでも増えたり減ったりしています。例えば昨日より体重が10g減っていたとしても、その程度は食事や排泄などで変動します。体重が増減しながらも徐々に増えているのか、減っているのか、あるいは一定の範囲で収まっているのかの傾向を長期的にチェックしていきましょう。

3

ペレットを増減するときは1gの範囲内に留め、少なくともその影響を2週間は観察しましょう。

ケース別
食事量の考え方
1

大人・普通体型のうさぎ

1

主食の牧草（チモシー）を常に大量に与え、よく食べていることを確認する。

2

現在のペレットの量を確認する（目分量の場合はそれが何gなのか量ってみる）。

3

ペレットを毎回同じ量で与えて２週間程度体重の推移を確認。

4

体重が変化なし、または増加傾向にあるのであればペレットを1gだけ減らし、２週間観察。

5

２週間体重の推移を観察し、体重が変化なし、または増加傾向にあるのであればまたペレットを1gだけ減らし２週間観察。

6

これを繰り返し、体重が減少に転じるようであれば減らし過ぎなのでペレットを１～2g増やしてその量を適量とし、引き続き体重の推移を観察。

例

- ペレット10g／1日2回
- 牧草よく食べる
- 普通体型

9g／1日2回にして2週間

定期健診・体重測定

体重減少

10gに戻す
｛10g／1日2回｝

体重同～増加

1回量を1g減らす
｛8g／1日2回｝

※1回量を1gまで減らしても体重が増加するなら低カロリーのペレットを試す（例えばラビットプライムプラスハイファイバー、うさぎのきわみなど）。

やせているうさぎは注意が必要

元気や食欲があるように見えても危機的な状態にある可能性があるので、食事だけでなんとかしようとせずに、うさぎに詳しい動物病院で診察や治療や食事のアドバイスを受けましょう。

ケース別
食事量の考え方
2

大人・肥満体型のうさぎ

⚠ **うさぎのダイエットには肝リピドーシス（P.26）のリスクが伴います。２週間〜１か月毎に動物病院で検診を受けながら実施することをおすすめします。**

1
主食の牧草（チモシー）を常に大量に与え、よく食べていることを確認する。牧草とペレット以外のおやつをすべてやめる。

2
現在のペレットの量を確認する（目分量の場合はそれが何gなのか量ってみる）。

3
１回に与えるペレットの量を1gだけ減らし、２週間ほど体重の推移を見る。

4
体重が変化なし、または増加傾向にあるのであればさらにペレットを1gだけ減らし、２週間観察。

5
❷〜❹を繰り返し体重が減少に転じたら一旦その量を適量として体重の推移を見る。

6
体重の減少が止まった時点でまだ肥満であればさらに1g減らして２週間体重の推移をみる。逆に体重が減りすぎるようであれば1g増やして２週間体重の推移を見る。

7
適正体重になったらそのときのペレットの量を適量として、体重の推移を観察。

肥満のうさぎとは……

同じ品種でも体格の違いなどもあり適切な体重は違うため、体重だけで肥満かどうか判断はできません。動物病院で体格をチェックしてもらい、肥満だといわれた場合は、獣医師に相談しながらダイエットをしましょう。

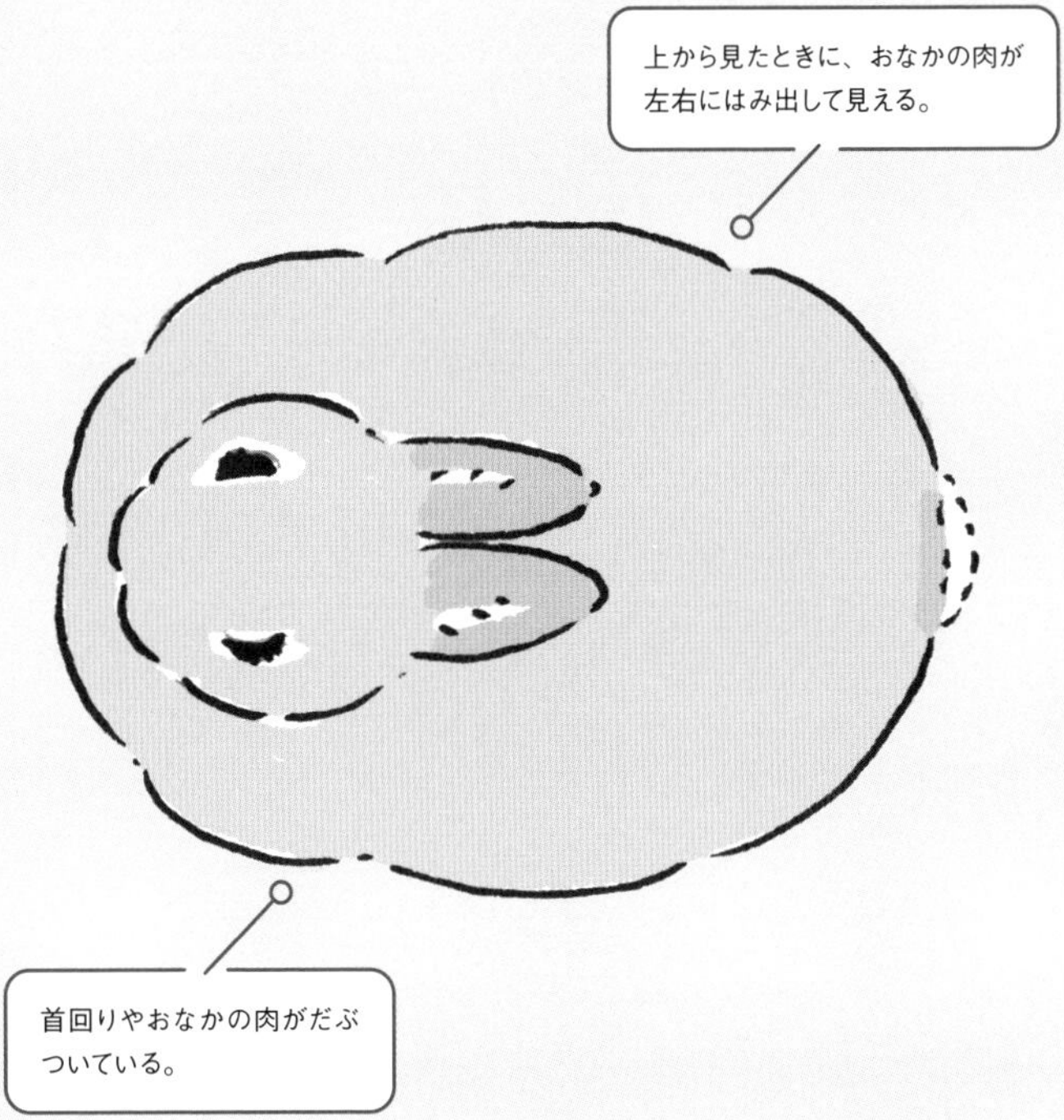
上から見たときに、おなかの肉が左右にはみ出して見える。
首回りやおなかの肉がだぶついている。

ダイエットをするときの注意点

- 体重が減少傾向にあるときは絶対にペレットを減らさないようにしましょう。
- 十分な時間をかけて慎重にペレットを減らしていきましょう。肥満のうさぎは急に摂取カロリーが減ると肝リピドーシスになります。ダイエットはゆっくりであればあるほど体への負担は少ないです。ペレットが少し減ったことでその分牧草を食べる量が少し増えて……をゆっくりと繰り返すことで体に負担なく食生活を牧草主体に移行させていくことができます。

子うさぎ

子うさぎの食事管理は成長を見極めながらになるので、少し難易度が高いです。子うさぎはできれば２～4週間ごとにうさぎにくわしい動物病院で定期健診を受けながら、食事管理をすることをおすすめします。

1

ショップやブリーダー等これまで育った場所で食べていたペレットの種類と量を確認する。

2

体重を量る。

3

牧草（チモシー）とアルファルファを十分に与える。

生後3か月くらいまではアルファルファも山盛りあげます。3か月以降から、体重や様子を見ながらチモシーを食べていることを確認した上で、徐々にアルファルファの量を減らしていき、子うさぎ期が終了する頃にはチモシーへの切り替えを完了できるようにしましょう。（下記の時期はあくまでも目安です。）

	アルファルファを減らし始める時期	アルファルファをやめてチモシーだけにする時期
ネザーランドドワーフなど小型種	生後３～４か月	生後５か月
ホーランドロップなど中型種	生後４か月	生後６～7か月

4

ペレットは❶で確認した量と同量でスタート。

5

牧草もペレットも食べていることを確認する。

6

日々体重が増加していくことを確認する。体重が減少している場合は動物病院へ。

子うさぎの場合、体重が増えるのが普通であり、体重が変わらない、または減少するのは異常です。

7

順調に体重が増えているようであればペレットを1gだけ減らし、その分牧草の摂取量が増加するか2週間程確認する。

8

体重が順調に増えているようであればペレットをもう1g減らしその分牧草の摂取量が増えるかどうか観察する。成長期のペレットの減らし過ぎは成長のための栄養が不足する可能性があるので、原則的には体重の2％以下*にはしないほうがよいです。

*

体重 200g	4g 以下にならないように	体重 300g	6g 以下にならないように

9

上記のように体重が順調に増えて発育しつつ、牧草の摂取量が最大になるように調整する。

我が子に合った牧草・ペレットを選ぶ努力を

「うちの子は牧草を食べない」という飼い主さんは多くいますが、歯が悪くなければ多くの場合食べる牧草は見つかります。

　牧草は植物であり天候や土壌の状態などで味が変わるため、同じメーカーの同じ牧草であっても、ロットの違いで味は変わります。食いつきのいい牧草を見つけても時期によっては突然食べなくなることもありますし、不作で牧草が手に入らなくなることもあります。メインの牧草にプラスして、おやつ程度に他の牧草をいろいろ与えて食べられる牧草の種類を増やし、味覚の拡張をしておきましょう。ふだん食べるメインの牧草以外に、いざというときの控えメンバーとしての牧草をスタンバイしておけば心強いです。

　ペレットも原料は牧草などの植物が中心なので同様です。原料となる牧草の味が変わったせいか、今まで食べていたペレットを急に食べなくなったというケースも多いです。ペレットもメインのもの以外に、控えメンバー的なものを用意しておくとよいでしょう。

レギュラーと控えに分けておく

主食＝レギュラー

メイン		レパートリーの拡張＝準レギュラー
チモシー１番刈り	＋	他のメーカーのチモシー１番刈り　など

牧草をよく食べるうさぎの場合は、チモシー１番刈りを主食とし、ときどきメーカーや産地が違うものなどを少量加えて味覚を拡張しておきましょう。

控え・温存用

おやつ牧草

チモシー
２～３番刈り

カナチモ、
オーチャードグラス、
オーツヘイ　など

嗜好性の高い牧草、やわらかい２番刈りと３番刈り、チモシー以外の牧草などは温存しておき、おやつとしてときどきあげるとよいでしょう。

ペレットの選び方

ペレットは各メーカーが様々なコンセプトのもとに多種多様な製品を発売しています。ペレットの選択には注意が必要で、一旦嗜好性しか取り柄の無いペレットの味に慣れてしまうと他のペレットへの切り替えが難しくなります。

　節約しようと安価で栄養バランスを欠いた粗悪品を選択すると、高額な医療費として跳ね返ってくるかもしれません。例えばカルシウムが多すぎると尿路結石摘出の手術が必要になったり、炭水化物が多すぎると胃腸障害で検査や治療が必要になったりして食費の何倍もの医療費が掛かります。高品質なペレットは値段が高いことも多いですがたいていの場合、節約しないことが最大の節約になるのです。

ペレットを選ぶときのポイント

POINT 1 嗜好性が高すぎるものを避ける

うさぎは甘いものや高たんぱく、高カロリーの食物を好む傾向が強いです。研究コストをかけず栄養バランスが考慮されていないペレットであっても、嗜好性重視で甘味を強くしてあればうさぎは喜んで食べるかもしれません（価格も安いものが多いです）。結果、うさぎが偏食になって他社のペレットを食べなくなれば、一定のシェアを奪えるかもしれません。価格も安いので、買う側もお得だと思うかもしれません。しかし、美味しいだけのバランスを欠いた粗悪なペレットは肥満、脂肪肝、尿路結石、胃腸障害等の重大な疾患の原因になります。うさぎを健康で長生きさせたければ、嗜好性が高すぎるものは避けたほうがいいでしょう。カロリーが高いペレットはちょっとした量の変更で大きくカロリーが増減するため、後々、年齢的な要因などでペレットの量の調整が必要になったときに微調整がしにくいというデメリットもあります。

POINT 2 ハードタイプは避ける

うさぎの咀嚼は歯を前後左右にスライドさせて食べ物を「すり潰す」動きに適応しており、硬いものを縦方向の力で「かみ砕く」動きを想定した構造をしていません。硬いものをかみ砕こうとすると、歯根に想定外の方向から力がかかり、不正咬合の一因になる可能性が指摘されています。硬いものをかじると不正咬合の予防になると誤解されがちですが、うさぎの歯はすり潰す動きによってすり減っていくことで伸びすぎない仕組みになっています。うさぎに牧草以外の硬い食べ物を与える必要はありません。かじり木も不要です。

POINT 3 信頼できるメーカーのものが結局安心

例えば1つのメーカーが倒産すると無くなってしまうペレットがあります。また、売れていないものは生産中止になったり、ペットショップに入荷しなくなるリスクがあります。よいものであっても入手できなければ意味がありません。そのため、メーカーが安定していてそれなりに売れている製品であるということは重要です。新規参入のメーカーも一定のシェアを獲得できなければそのままフェードアウトする可能性があります。特に嗜好性が高いものは、他のペレットへの切り替えが困難なため注意が必要です。

POINT 4 食べきれる量、または小分けがおすすめ

ペレットは開封すると成分の酸化や吸湿により時間と共に徐々に劣化して、味や品質が落ちていきます。開封後1か月で品質が落ちてくると仮定すると、1日20gを食べるうさぎの場合は、20×30日で600g程食べた頃には品質が落ちてきます。余りそうな場合はフードロスを避けるためにうさ友さんとのシェアや、うさぎの保護施設への寄付も考えてみてください。もしくは、バニーセレクションプロシリーズのような小分けにされたものを選択するのもよいでしょう。また、開封したペレットは劣化を防ぐために密封して乾燥した涼しい場所に保管しましょう。

1日15g食べる子の場合

15g ×30日＝ 1か月で食べる量は 450g

↓

少量パックを買う　　小分けを買う　　うさ友さんとシェアする

その他、ペレット選びで重要視したほうがいいことは？

Q グルテンフリーがいいの？

グルテンは小麦などに含まれるたんぱく質の一種です。ペレットを粒状に固めるために小麦粉が使われますが、それを使っていないものがグルテンフリーのペレットとして販売されています。

人間ならセリアック病やグルテン過敏症の人は、グルテンの摂取により健康上の問題が起こりますのでグルテン含有食品を避ける必要があります。しかし、健康な人もグルテンを避けたほうが有益であるという結論には至っておらず、過度にグルテン含有食物を避けた結果、ビタミンやミネラル等の摂取不足に陥る可能性も指摘されています。

一方、うさぎでは人のようなグルテン不耐性の疾患は今のところ見つかっておりません。「グルテンフリー＝健康的」という科学的根拠は不明です。炭水化物を減らす目的で小麦を使わないというのは一理ありますが、グルテンフリーのペレットではかわりに別の炭水化物を使っているのでそういうわけでもないようです。何のためのグルテンフリーなのかは今のところ不明です。

Q

複数の種類をあげるべき？

ある時期に「元気で牧草はよく食べるのに、ペレットだけ急に食べなくなった」という症状が集中することがあります。検証してみると、同じ時期に多くのうさぎが一斉に特定のメーカーのペレットだけを食べなくなっているようです。日常的に複数の種類のペレットを食べているうさぎは、そのメーカー以外のペレットはいつも通り食べています。つまり単純にそのペレットだけが、ある特定の時期に味が落ちて美味しくなくなってしまうようです。ペレットは主に植物で作られています。植物は育ったときの気候や畑のコンディションの影響などで味が変わるので、そのようなことも起こり得るのでしょう。メーカーの事情はわかりませんが、材料の植物の仕入れ先が変わったなどの影響もあるのかもしれません。ペレットも牧草と同様に当たりハズレがあるということです。メインのペレット以外に、控えのペレットとして他の味を覚えさせておくと、このようなときに役立ちます。

Q ペレットは繊維質が多いほうがいい？

ペレットにはビタミンやミネラルなどが添加されサプリメント的な役割を果たしています。うさぎは牧草をたくさん食べることで繊維質を十分にとっているはずで、それでもペレットに繊維質が含まれている意味はなんでしょうか？

実際、ペレットから摂取する繊維質の量は牧草に比べれば微々たるものです。しかし、繊維質含有量が多いペレットはいざというときの助けになります。例えば歯や顎の骨や筋肉などに問題があって牧草を咀嚼できなくなったときに、ペレットならなんとか食べられるという状態であれば、ペレットに含まれている繊維質が助けになります。加齢が進んで顎の力が弱って牧草を食べることができなくなっても、牧草代用ペレットを食べることで一定量の繊維質を確保できることも多いです。このようなケースを見越して牧草をよく食べる子であっても、ペレットのレパートリーに繊維質含有量の多いペレットや牧草代用ペレットを加えておくと、いざというときに役立ちます。

Q 結局、どれを選択すればいいの……？

今与えているペレットが何であるか聞いたときに、商品名を答えられる人は非常に少ないです。ラビッツ動物病院ではこのようなときのために、市販されているペレットのパッケージの写真を一覧にしたものを用意しておいて指をさして教えてもらっています。商品名ですらそのような状況ですので、ましてや各商品の材料や成分まで細かく検証してペレットを選択するなどということはハードルが高すぎるかもしれません。実際、ペレットの袋の裏を見ると様々な材料や成分が書いてありますが、項目が多すぎてさっぱり意味がわかりません。結局、どれを選んだらいいの？という話になります。最適なペレットはうさぎそれぞれの体の状態で多少変わってくる場合もあり、健診を通してペレットの変更をすすめることもありますが、ここでは大半のうさぎにおすすめできて全国のペットショップで販売されている（2024年現在）無難な製品を紹介しておきます。

おすすめのペレットリスト

- バニーセレクションプロシリーズ（イースター）
- バニーセレクションシリーズ（イースター）
- 彩食健美シリーズ（GEX）
- ラビットプライムプラスシリーズ（三晃商会）
- うさぎのきわみ（ハイペット）
- チモシーのめぐみシリーズ（ハイペット）

おやつと幸福

食べるという行為は栄養摂取にとどまらず、美味しいものを食べて幸福を感じる手段のひとつになります。一方で美味しいものは栄養学的な問題を引き起こしやすい側面もあります。うさぎは糖質や炭水化物の含有量が多いものを好む傾向がありますが、摂取量が多いと肝リピドーシスや消化器障害等の問題を引き起こします。問題が生じてから治療のためにおやつを無くせば、病気とおやつの消滅によって二重に幸福度が下がります。おやつは幸福を感じる手段のひとつですが、一時的な幸福を得ても健康を損なえば、かえって不幸になってしまうのです。

ここではおやつで美味しく幸福を得ながらも、健康を保つ方法について考えてみます。

① おやつとして何をあげるか？

先に述べたようにうさぎの体は草を食べることに特化しているのでおやつも草に近いものほど体に合っています。うさぎのおやつとしては野菜、野草、ハーブ類をおすすめします。

② おやつから幸福を引き出すコツ

美味しいものから幸福を得る上で大事なことは、普段食べているものに比べて美味しいものを食べたときに幸福な気持ちになるということです。毎日コマツナ食べ放題のうさぎに、あらためてコマツナを与えても特に幸福には感じないでしょう。しかし、普段もくもくと牧草を食べているうさぎが、たまにみずみずしいコマツナをもらって「うまっ！」と感じているときには幸福を感じているはずです。おやつによる幸福は、普段の健康的な粗食のベースがあった上でそれとのギャップによって生じるのです。したがって、先に述べたように牧草を大量にしっかり食べるということがおやつの幸福度を向上させることにつながるのです。

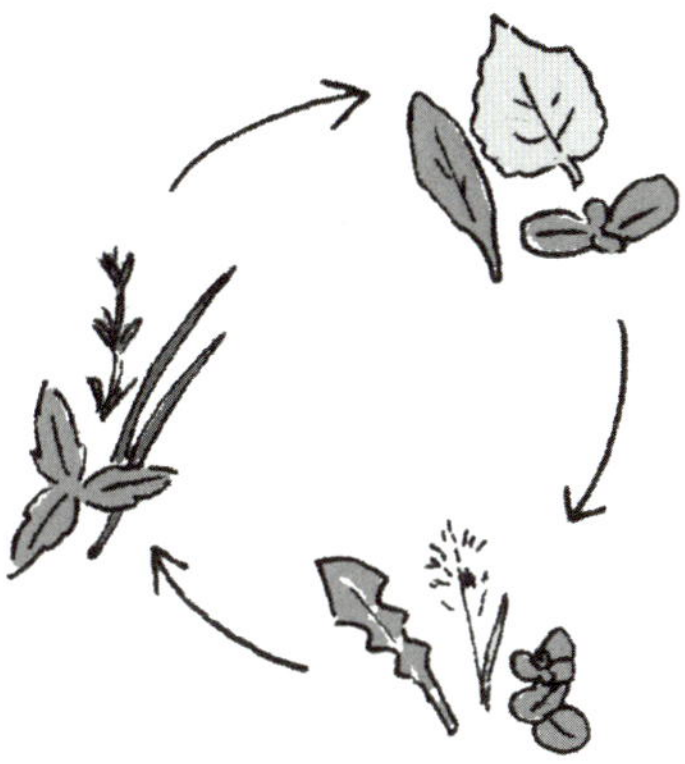

③ 種類と量は？

同じものをまとまった量で食べ続けていると、味覚が慣れてきてありがたみがなくなりますし、摂取する成分にも偏りが出てきます。複数の種類を少量ずつ与えたり、日によってローテーションするなど、特定のものに偏らないように散らすとよいでしょう。いくらステーキが好きでも、量が多すぎると最初はおいしく食べていても途中でうんざりしてくるでしょうし、毎日食べ続けるのもきついものです。好きなものは少量を物足りないぐらいにたしなむ程度のほうが、美味しく楽しめるのです。

おやつとしての野菜・野草・ハーブ

おやつは食事の面においてうさぎの幸福度を向上させますが、うさぎ本来の食性からかけ離れたおやつをメニューに加えると栄養学的なバランスが破綻します。例えば糖質や炭水化物の多いものをメニューに加えた場合、それ単独で必要以上にカロリーオーバーしてしまうため、他の食材とバランスがとれなくなってしまいます。繰り返しになりますが、草食動物であるうさぎの食べ物として適しているのは何らかの草であり、それはおやつであっても例外ではありません。そのような条件を満たすおやつとしては、野菜、野草、ハーブがおすすめです。

おやつとして与えるにしても、野菜、野草、ハーブは成分の含有量に偏りがあり、継続的に与えると特定成分の過剰摂取や蓄積に陥りやすいです。

これを避けるために複数種類をローテーションするか、与える間隔を十分にあけるとよいでしょう。植物であっても有害なものはたくさんありますので、安全性のわからないものを実験的に与えるのはやめましょう。

野菜をあげるなら

本職の草食動物であるうさぎに適した植物は、人間には食べることができないような繊維質バリバリの草であり、野菜のようなやわらかい植物では繊維質不足です。うさぎにとっての野菜は人間にとってのゼリーのようなもので、デザート感覚にすぎません。高齢になると水を飲まなくなるうさぎもいるので、よく洗った野菜を水を切らずに与えることで水分を摂取できます。また、病気や手術後などで食欲が落ちているときでも野菜だけは食べてくれる場合があり、食事のレパートリーに加えておくと役立ちます。尿中カルシウムが多い場合、コマツナ、チンゲンサイ、ニンジン葉、ミズナは充分間隔をあけて極少量に留めるか、控えたほうがよいでしょう。一度に与える量は複数種類を合わせてカップ1杯程度にしましょう。

野草をあげるなら

野草は野原に生えている草です。野草を食のレパートリーに加えておくと、災害等でサバイバル生活を強いられたときに雑草を非常食として確保できるメリットもあります。野草を採るときは、農薬や排気ガス等の汚染のない野原で採取しましょう。

ただし、野草は嗜好性が高いため、大量かつ継続的に与えると牧草を食べなくなる可能性があります。うさぎ本来の食べ物であり、少量摂取での安全性は高いですが、人が飼育する状況ではあくまでもおやつとしての扱いに留めたほうがよいでしょう。念のため妊娠中は与えるのを避けてください。一度に与える量は葉を数枚程度にしましょう。

おすすめの野草

ナズナ

エノコログサ

シロツメクサ

メヒシバ

ハコベ

クローバー

ハハコグサ

ハーブをあげるなら

植物には様々な植物化学成分が含まれています。メディカルハーブ（薬草）は古来より薬効が言い伝えられてきましたが、近年その有効性が研究されています。薬効が科学的に認められた植物化学成分は、薬剤の原料や漢方薬として応用されているものもあります。ハーブ・野菜・野草の区別はあいまいで、野草や野菜として認識されている植物も一部ハーブに含まれています。うさぎは好きな味と香りを結びつけて記憶しており、香りの強いハーブ類をレパートリーに加えておくと、病気などで食欲不振に陥ったときや嗅覚が衰えたときに、食欲を刺激するのに役立ちます。

ハーブの薬効と注意点

- 草食動物として進化してきたうさぎは、植物に含まれる植物化学成分を取り込み、日常的に生体利用しています。ハーブに含まれる植物化学成分は植物の部位・品種・産地等により分布と含有量に偏りがあり、薬効は特定条件下での動物や人への給与試験等で部分的に示唆されているにすぎません。次のページからの「おすすめのハーブ」に科学的に期待される薬効を記載しましたが根拠は不十分なので、ハーブを使って病気の治療をすることは現実的ではありません。しかしながら、少量摂取によって体の微調整を行うことで、健康維持に貢献するといった効果は期待できます。一方で過剰摂取による副作用や薬物相互作用に注意が必要です。

- 基本的に妊娠・授乳中はハーブの使用は避けてください。一般に少量摂取やペレットに配合されている程度の量では安全性は高いと考えられますが、特定の疾患や投薬中には注意が必要です。一度に与える量は葉を数枚程度にしましょう。少量をたしなむ程度に楽しむのがハイソなうさぎの優雅なひとときです。

おすすめのハーブ

※共通する注意点として妊娠・授乳中は避けてください。

セイヨウタンポポ

成分

セスキテルペン類、トリテルペン類、ルテイン、アピゲニン、ルテオリン、イヌリン、タラキサステロール、タラキサシン、カフェ酸、クロロゲン酸

期待される効果

利尿作用、利胆作用、抗炎症、消化管機能改善

⚠

- 腎疾患、急性の胆嚢疾患、出血性疾患、下痢では避ける
- NSAIDS（メロキシカム等）、ニューキノロン系抗菌薬（エンロフロキサシン等）投薬中は避ける

クワ（マルベリー）

成分

ルチン、ペクチン、アントシアニン、デオキシノジリマイシン、GABA、クロロフィル、シトステロール、フラボノイド

期待される効果

抗不安、糖質の吸収速度を緩やかにする

⚠

- 手術前後は避ける
- 下痢、低血糖では避ける
- 抗真菌薬（イトラコナゾール等）投薬中は避ける

バジル

成分	期待される効果
サポニン、アネトール、シネロール、リナロール	消化管機能改善、抗菌、抗真菌

⚠

- 手術前後は避ける
- メロキシカム、ACE 阻害薬（エナラプリル等）、フロセミド、コエンザイム Q-10 投薬中は避ける

ローズマリー

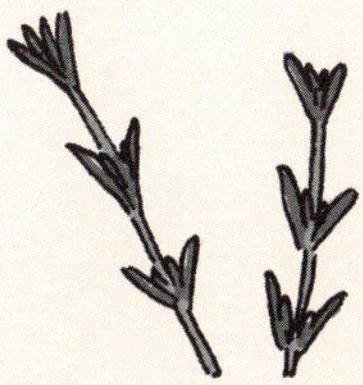

成分	期待される効果
揮発性油、フラボノイド、フェノール酸、ロスマリン酸、カフェ酸、タンニン、ルテオリン	消化管機能改善、下痢の緩和、抗酸化作用、利尿作用

⚠

- 手術前後は避ける
- てんかんでは避ける
- NSAIDS（メロキシカム等）、テオフィリン投薬中は避ける

クズ

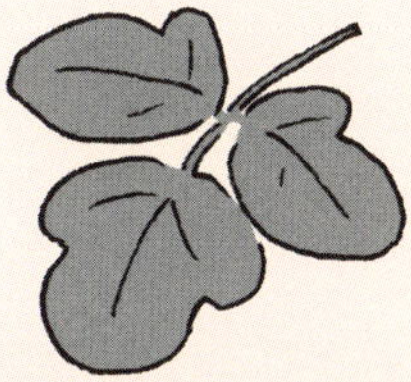

成分	期待される効果
サポニン、プエラリン	抗酸化作用

⚠

- 下痢、低血糖、乳腺疾患、子宮疾患、出血性疾患では避ける
- タモキシフェンクエン酸、NSAIDS（メロキシカム等）、抗真菌薬（イトラコナゾール等）投薬中は避ける

ペパーミント

成分	期待される効果
ロスマリン酸、カフェ酸、クロロゲン酸	消化管機能改善

⚠

- オメプラゾール、ランソプラゾール、NSAIDS（メロキシカム等）、シクロスポリン、抗真菌薬（イトラコナゾール等）、テオフィリン、ジアゼパム投薬中は避ける

レモンバーム（メリッサ）

成分

揮発性油、ポリフェノール、タンニン、フラボノイド、ロズマリン酸、トリテルペノイド

期待される効果

抗不安、認知機能改善、抗ストレス、抗菌、抗ヘルペス、疝痛軽減、胃運動障害の緩和

- 低血糖、甲状腺機能低下症では避ける
- レボチロキシン、フェノバルビタール投薬中には避ける

ジャーマンカモミール

成分

フラボノイド、クマリン、αビサボロール、カマズレン、マトリシン、アピゲニン、ルテオリン、コリン、タンニン

期待される効果

抗不安、抗炎症、鎮静・鎮痛、胃炎・胃潰瘍の緩和、下痢の改善

- 手術前後は避ける
- タモキシフェンクエン酸塩、抗真菌薬、NSAIDS（メロキシカム等）、βブロッカー、フェノバルビタール投薬中は避ける

レモングラス

成分

揮発性油

期待される効果

抗酸化作用、疼痛緩和

- ランソプラゾール、テオフィリン投薬中は避ける

オオバコ

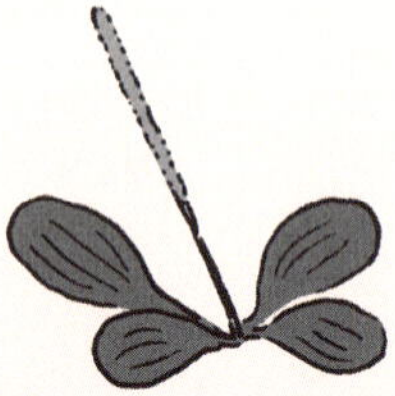

成分

フラボノイド、アウクビン、βシトステロール、ビタミンK

期待される効果

下痢の緩和、出血の緩和

- 排便量低下時、腎疾患では避ける

エキナセア

成分	期待される効果
アルキノアミド類、アラビノガラクタン、チコリ酸、エキナコシド、シナリン、イソブチルアミド	免疫賦活（抗真菌・抗ウイルス・抗腫瘍）、抗炎症

- 自己免疫疾患を増悪する可能性がある
- 手術前後は避ける
- ジアゼパム、ミダゾラム、ステロイド（プレドニゾロン、デキサメサゾン等）、抗菌薬投薬中は避ける

ラズベリーリーフ

成分	期待される効果
アントシアニン、ラズベリーケトン、ペクチン、エラグ酸、フラガリン、タンニン	抗酸化作用

- 下痢、高血圧、低血糖、てんかんでは避ける

セージ

成分	期待される効果
タンニン、フェノール酸、フラボノイド、フィトエストロゲン、フラボノイド	認知機能改善

- 手術前後は避ける
- 高血圧、低血糖では避ける
- フェノバルビタール、ガバペンチン、シプロヘプタジン、オメプラゾール、ランソプラゾール、抗真菌薬、ステロイド、モサプリド、リドカイン、ベンゾジアゼピン、モサプリド、フロセミド、ACE阻害薬（エナラプリルなど）、カルシウム拮抗薬、抗がん剤投薬中は避ける

タイム

成分	期待される効果
チモール、カルバクロール	抗菌、抗真菌、抗炎症、歯周病緩和

- シプロヘプタジン、ピリドスチグミン、NSAIDS（メロキシカム等）投薬中は避ける

うさぎの食事の章のまとめとして、よく飼い主さんがやってしまいがちなごはんの失敗例を紹介します。何が問題なのか見直していきましょう。

うさぎのごはん
よくある 失敗例

「牧草は、減ったら足しています」

うさぎは美味しいところだけを選んで食べているので、美味しくない部分はそれ以上減りません。美味しくない部分が残っているのを見て牧草が足りていると錯覚し、結果として牧草不足になっているケースが非常に多いです。入れておいた牧草が半分減っているようであれば全然足りていません。

「牧草フィーダーにめいっぱい入れています」

市販の牧草入れやフィーダーはあまりにも小さすぎて限界まで詰め込んでも少なすぎます。また、食べにくいからあまり食べないといううさぎもいます。とにかくものすごく大量に入れる必要があるので、床に直置きで山盛りにします。

「ペレットは目分量です」

ペレット1gの差でも大きな影響がでることがあります。適量を決めても、目分量ではかなり誤差が生じます。ペレットは毎回必ず重さを量って決めた量をあげましょう。計量スプーン何杯やカップに何杯なども誤差が大きく正確ではありません。

「うちの子は牧草を食べてくれません」

牧草を食べない理由を改めて考えてみましょう。次のようにいくつか理由が考えられます。

理由 1

疾患により牧草を咀嚼することができない

歯科疾患、口腔内疾患、咀嚼に関わる筋肉や神経の障害等の疾患によって、牧草を咀嚼できなくなっている場合があります。治療によって牧草を食べられるようになることもあるので、動物病院で診察を受けましょう。牧草を口にくわえるが口の中に入っていかないといった咀嚼障害は、エンセファリトゾーンの初期症状の場合もあり、斜頸等の諸症状が続発する場合があります。軽度の不正咬合であればチモシー3番刈りやオーチャードグラスなどやわらかい牧草を食べることができるケースもありますので試してみましょう。重度の不正咬合で牧草の咀嚼が難しい場合は、牧草代用ペレットを試してみましょう。

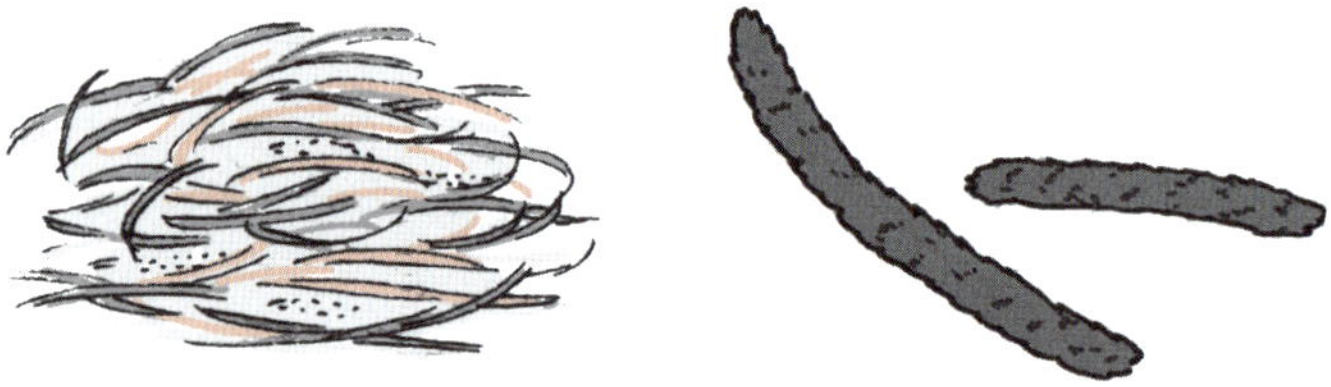

理由 2

牧草の味が気に入らない

チモシーは品種、刈り取り時期（１～３番刈り）、産地など様々なバリエーションがありそれぞれ味が異なります。気に入るものがあるかどうか様々なチモシーを試してみてください。例えばアメリカ産のチモシーは食べなくてもカナダ産のチモシーだけは食べるという場合があります。チモシーを食べなければオーツヘイなどの嗜好性の高い他のイネ科の牧草を試してみるとよいでしょう。うさぎは新しい草の存在に慣れるまで食べないこともあります。与え始めた頃は食べていなくても、根気よく与え続けていると存在に慣れてきて食べるようになることがありますので、しばらくは続けてみてください。ペットショップで売っている牧草は食べなくても通販の牧草をいろいろ試してみると食べる牧草が見つかることも多いです。

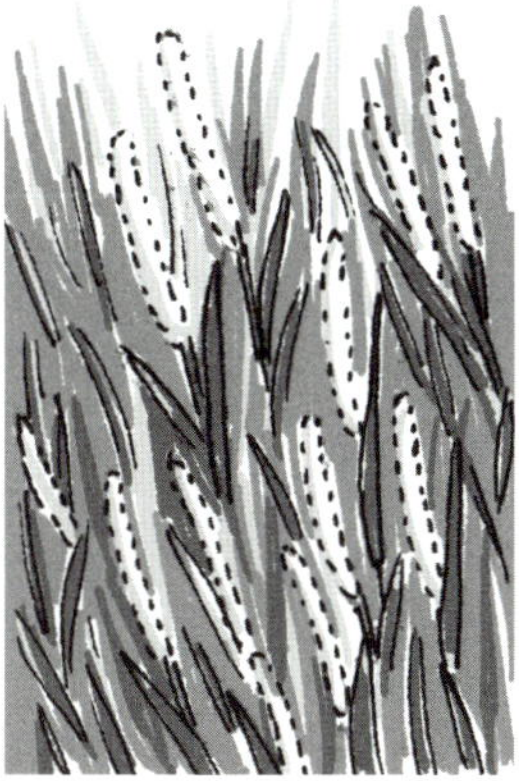

理由 3

ペレットで満腹になってしまっている

ペレットのほうが牧草より嗜好性が高く、うさぎは嗜好性が高いものから食べます。ペレットで満腹になっていれば牧草は食べません。おやつのような本来必要ないものを中止し、２章で紹介したペレットの量の決め方を参考にペレットの量の調整をしましょう。

理由 4

牧草が少なすぎる

うさぎが美味しく食べる部分はせいぜい３～５割程度です。入れる量が少ないと美味しい部分はさらにその一部ということになり、そもそも食べる部分がほとんどないという事態になってしまいます。入れる牧草の量が少ないために、うちのうさぎは牧草をほとんど食べないと錯覚してしまっているケースは非常に多いです。

うさぎのおやつに果物を与えてもいい？

ここでは果物については敢えて紹介せず、与えないようにすることをおすすめしておきます。

果物も一応植物ですが、甘さを追求して品種改良された結果うさぎにとっては糖質が多すぎて、もはや草とはいえない組成になっています。ごくごくごくたまーにほんの少量であれば害はないかもしれません。

しかし、「少量なら」という前提がいつの間にか消え去って、「与えてよい」という切り取られ方をされることが多く、得てして過剰に与えてしまったりしています。消化器疾患や食欲不振の再発を繰り返している症例で、果物をやめるだけで解決するケースが非常に多いです。

果物は極端に糖質だけが多く、他の食材を工夫しても栄養バランスをとることが困難で、肥満になりがちです。肥満は「肝リピドーシス」を引き起こし、その治療には大変苦労します。そのようなトラウマが獣医師に「果物はダメ」といわせるのです。定期健診のとき、飼い主さんは「果物は与えていません」といいますし、うさぎも「果物なんて知らない」という顔をしていますが、口の中を覗くといちごの切れ端があったりするのは困ったものです。

獣医師がしつこくダメといい続ける中で、飼い主さんが罪悪感を抱えながらほんのちょっと隠れて与えるくらいがギリギリ許容範囲なのかもしれません。

3章

うさぎの免疫と飼育環境

うさぎを本来の生息環境である自然界から切り離し、人の世界で一緒にくらせるようにするためには、どのような環境を用意すべきでしょうか。プロローグの幸福学と1章の免疫の話をもとに考えてみましょう。

免疫が正常に働く室温は？

うさぎにとって適切な温度とは、うさぎの細胞が正常に働いて機能を正常に維持できる温度です。不適切な温度では不快感があり、免疫をはじめとした細胞の機能が低下して病気の原因になります。適切な温度・湿度は本やwebサイトに様々な数値が紹介されていて、実際どうすればよいのかわかりづらいと思います。現実的に無難な数値として、基本的に室温20℃～24℃、湿度40～60％をおすすめします。冬季は室温が20℃を下回るころから、夏季は室温が24℃を上回るころから、体調を崩したうさぎの来院が相次ぎますが、温度管理についてアドバイスすると解決することが多くなります。うさぎは暑さも寒さも苦手です。室温はエアコンの性能や人の活動の有無などの諸条件で実際の温度がかなり変動します。うさぎの飼育本には16℃～26℃の範囲で書かれていることが多いですが、ギリギリ16℃や26℃を目指すと、冬の夜間の冷え込みや夏の昼間の温度上昇時にエアコンの制御が室温に追いつかず体調を崩す場合があります。多少の変化があっても適温を確保できる余力をもたせる意味で、基本的に室温は20℃～24℃にしておくことをおすすめします。

温度 20℃～24℃　湿度 40 ～ 60%

重要　「温度」とはエアコンのリモコンに表示される「設定温度」ではなく、室温を温度計で計った「実際の温度」のことです。

- 肥満のうさぎや長毛のうさぎでは体に熱がこもりやすく暑さに弱い傾向があります。
- 疾患による代謝の低下や老化による体脂肪・筋肉量の減少がある場合は、体温調節機能が低下しています。この場合体温が下がりやすいため基本的には23℃～25℃、低体温が認められる場合は26℃前後を維持し、状態を見ながらさらに微調整します。獣医師と相談しましょう。

ケージで飼う？　放し飼いにする？

①運動量の観点から

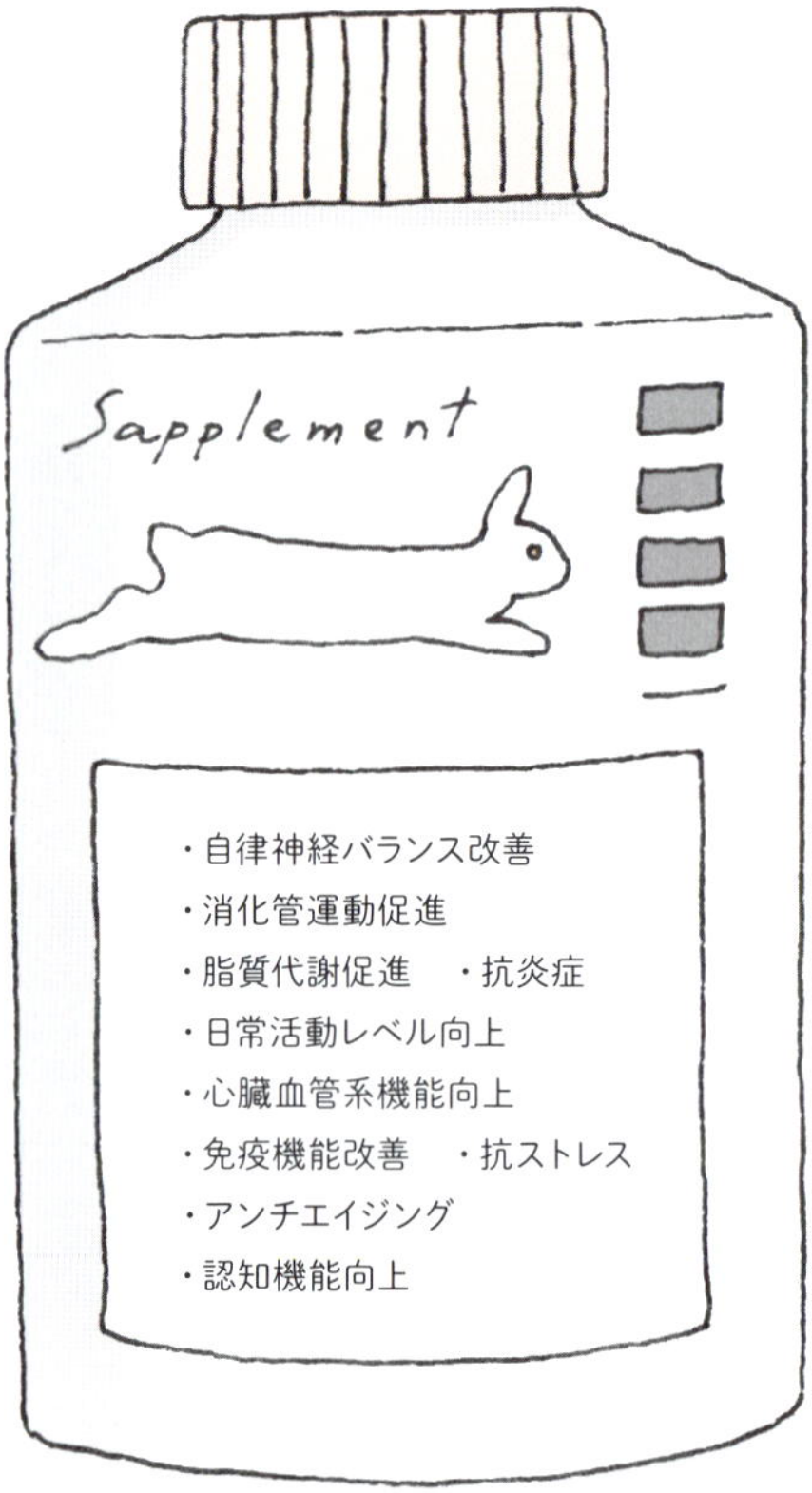

日本の気候では外飼いは無理なので、室内飼いにします。飼育形態はケージ、放し飼い、サークルがあり、これらの違いは広さです。

飼育形態による運動量は多い順に①放し飼い②サークル③ケージです。科学的な研究によって人や動物の運動には様々な効果があることが明らかになってきています。

上のイラストのような効果はサプリメントの謳い文句として宣伝されることが多いですが、効果が

不明瞭なサプリメントに期待するより運動するほうが無害で確実です。運動はどんなサプリメントよりもサプリメントとして有効です。

ケージで飼う場合とサークルが走り回れるほど十分に広くない場合は、部屋に放って運動（へやんぽ）する時間をできるだけ確保しましょう。若いうさぎでは1日合計4時間程度、忙しいときでも2時間程度は運動の時間をとることをおすすめします。老齢のうさぎもコンスタントに運動していると寝たきりになりにくい傾向がありますので、無理のない範囲で適度に運動するとよいでしょう。

②幸福度の観点から

ケージで飼う？　放し飼いにする？

幸福度の観点で考えると、自由な放し飼いのほうが狭いケージより幸せでしょうか？

普段ケージで過ごしているうさぎを部屋に解き放ったとき、ひねりジャンプや飼い主さんの周りをグルグル回ることがよくあると思います。外に出た解放感で「ひゃっほーい！」となっているのです。この瞬間うさぎは幸福感を感じているでしょう。授業が終わって休み時間に校庭に飛び出していく小学生のような気持ちではないかと思います。普段ケージで過ごしているからこそへやんぽに特別感、幸福感があるのです。

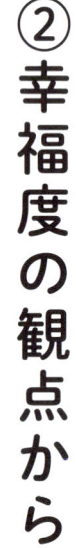

逆に普段放し飼いのうさぎは突然ケージに入れられると行動範囲が制限されて幸福度が下がる可能性があります。うさぎは自分の縄張りを見回りたいのにケージに閉じ込められてそれができません。普段は放し飼いで問題なくても、何かの事情で人に預けなければならないときや、病気の療養や災害などでケージに入れなければならなくなったとき、大きなストレスを感じるかもしれません。そうした事態に備え、飼い主さんの外出時や就寝時など、一定時間ケージで過ごすことにも慣らしておくことをおすすめします。

サークルの場合は、ケージより多少運動量は確保できますが、それでも不足しがちです。また、同じ場所を往復していてもうさぎとしてはあまり面白くありません。解き放たれ自由を手に入れたうさぎは部屋をすみずみまで探索したり、重要な場所ににおいをつけたり、気になるすき間に入ってみたりして楽しんでいます。サークル飼いであってもより多くの運動量とうさぎの楽しみのために、へやんぽ時間をつくることをおすすめします。

POINT

- **ケージやサークル飼いでは、へやんぽ時間をとる**
- **放し飼いでは、いざというときに備えてケージにも慣らしておく**

うさぎの理想のすまい

ケージの選び方

天井が開閉できる
(うさぎを出し入れしやすい)

掃除がしやすい
- 床下が引き出しになっている
- 分解・洗浄・組み立てが容易

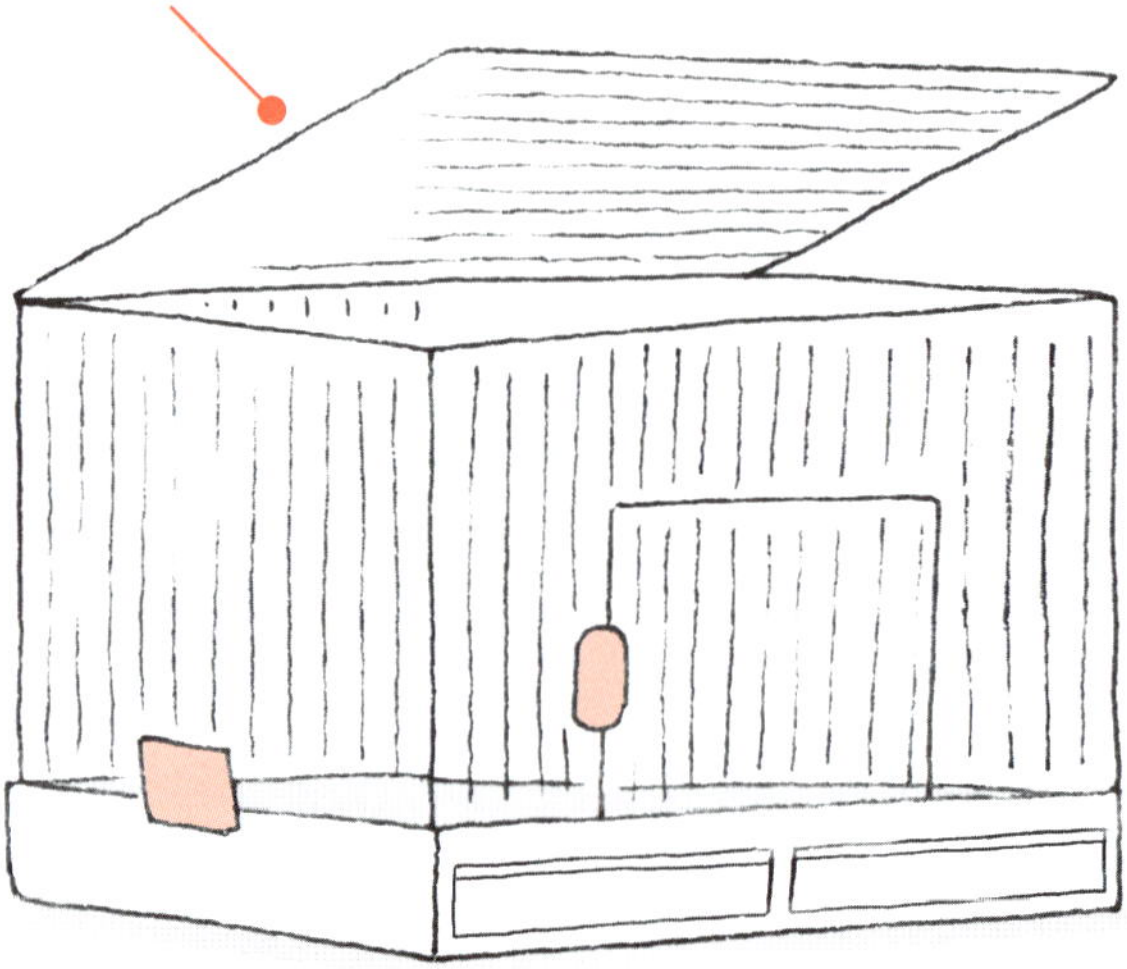

床の材質
- 弾力があり網目の細かい金網製またはプラスチック製がおすすめ
- プラスチック製のすのこは割れることがあるので清掃時にチェックする

注意
- プラスチック製のすのこは穴が大きいと手足が挟まって、パニックを起こし骨折するリスクがある。うさぎの前足がハマらない穴のサイズを選ぶ。子うさぎや小型のうさぎでは特に注意
- 木製のすのこは排泄物が浸透して雑菌が定着しやすい。洗ってかわかすのに時間がかかる。かじってささくれた部分がケガの原因になるなどのデメリットが多い

サイズ
- トイレや食器など必要なものを入れた上でねそべって休める
- 立ち上がれる、ある程度動き回れる大きさ
- 部屋のスペース、清掃（丸洗い）することを想定した上で広いものがよい

ラビッツ動物病院および
スタッフが使用しているケージ

- コンフォート 60/80（KAWAI）
- プロケージ 60/80（うさぎのしっぽ）
- うさぎのカンタンおそうじケージ（マルカン）
- イージーホームエボ（SANKO）

床に何を敷く？

金属やプラスチックはうさぎの足の裏に適していません。硬い床はうさぎのかかとに負荷が集中し、局所的な血流障害や物理的な刺激による炎症が起こりやすくなります。クッション性のある素材を床に敷くことで、足の裏全体で体重を受け止めることができこれを緩和できます。

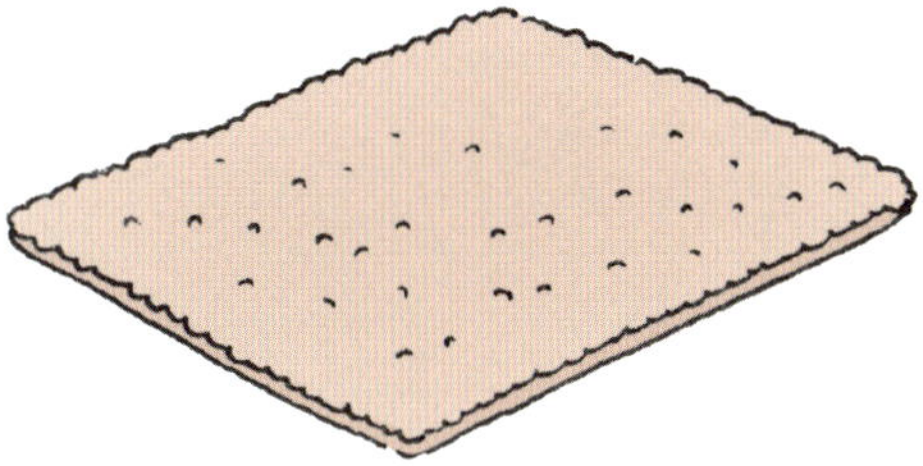

バスマット

厚みのあるバスマットはクッション性、吸収性がよく物理的には理想的です。洗って繰り返し使用できます。1日２回掃除のときに交換しましょう。ただし、かじって食べてしまう子には腸閉塞のリスクがあるため使えません。

牧草マット

（わらっこ倶楽部うさぎの座ぶとん等）

食べても安全です。多少の汚れは洗って天日干しして再度使えますが、消耗品です。汚れや劣化がある場合は新品に交換しましょう。

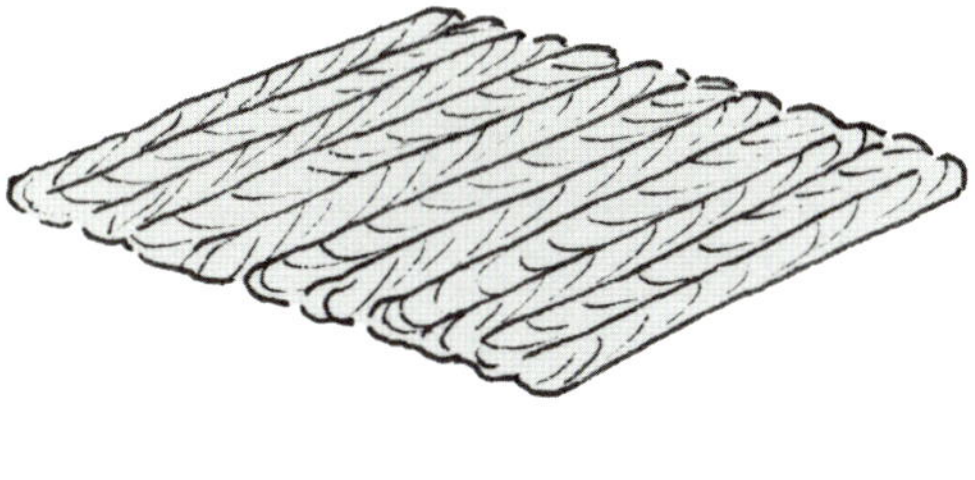

ケージを掃除する意味

1章の免疫の項で述べたように、侵入しようとする環境中の病原体VSうさぎの免疫の闘いが日々繰り広げられています。日々の平凡な掃除が、環境中の雑菌を減らす形でうさぎの免疫に加勢してくれます。目に見えない存在を相手にどのように闘っていけばよいでしょうか？　菌は汚れているところ、排泄物、食べ残し、抜け毛、ある程度使った植物性のマットやおもちゃ、布製品、ケージやトイレの細かい隙間などに多く潜んでいます。ここに見えざる敵が潜んでいることを意識して掃除しましょう。布製のマットは1日2回交換しましょう。わらマットは多少の汚れは水で洗って天日干しすることで再利用可能ですが、消耗品ですのである程度汚れたり劣化してきたら新品に取り換えましょう。複数個用意してローテーションするとよいでしょう。

掃除のルール

掃除は1日2回（朝晩）、うさぎをケージから出してへやんぽをさせている間に行うとよいでしょう。

- **残っている牧草、ペレットを捨てる**
- **ケージの掃除・消毒、トイレ、食器、給水器などの洗浄・消毒**
- **牧草、ペレット、水を新しいものに交換**
- **排泄の状態のチェック**

空気も環境

盲点になり易いのが部屋の空気です。換気は非常に有効です。真菌類はエアコンの内部、台所の隅や窓のサッシの黒ずんだ部分、その他結露しやすい場所で増殖しやすく感染源になります。例えば、再発を繰り返す皮膚糸状菌症などは、エアコンの掃除で解決するケースが多々あります。エアコンはうさぎの強い味方ですが内部の汚染には注意が必要であり、定期的に専門の業者に依頼するなどしてメンテナンスをすることで、性能を十分に発揮し消費電力も抑えることができます。

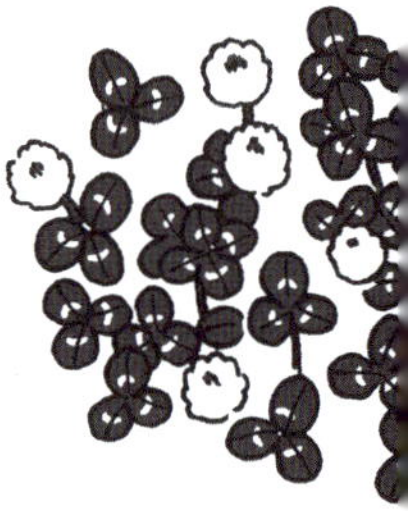

飼育環境とストレス

自然界においてうさぎの最大のストレスは捕食動物の接近による生命の危機です。肉食獣の接近に対してうさぎの体は即座に反応して「逃走」に特化した状態になります。ストレスがかかるとコルチゾールというホルモンの作用により心拍数と血圧が上昇して筋肉に血液を送り込み、呼吸数が増加して酸素を取り込み、血糖値が上昇してエネルギーを作り出し、体の全ての機能が「逃げる」という一つの目的に集中します。また、スタンピング（足ダン）をして巣穴にいる仲間に危険を知らせます。このとき、消化管の運動が低下し、食欲が無くなります。逃げなければならないときに食事をしていては食べられてしまうので、このような仕組みになっているのでしょう。

人と暮らすうさぎも強いストレスを受けると食欲が低下してしまうことがあります。何をストレスに感じるかはうさぎごとに異なります。スタンピングにより危険を察知する性質があるため、道路工事や建築の振動に起因すると思われる食欲不振も多くみられます。環境中に持続的にストレス要因があると、他にもさまざまな健康上の問題を引き起こす可能性があります。

持続的なストレスが及ぼす悪影響

- 動脈硬化、高血圧、消化管運動低下、胃潰瘍、免疫機能低下、自律神経の異常、精神不安定、ホルモンバランスの悪化

食欲不振のうさぎの問診でストレス要因と考えられたこと

- 急な環境の変化（引っ越しなど）
- 病気・ケガ
- 不適切な温度・湿度
- 音（道路工事、建築、家電製品、小銭の音、特定の歌手など）
- 肉食獣の気配
- 知らない人や動物の侵入
- 動物病院
- キャリーでの移動
- 人間同士の口論、家庭内の不穏な空気
- 仲のよい友だち（人・動物・おもちゃ）がいない
- 好きな人とのコミュニケーションの減少
- 生活サイクルの変化
- 日中の睡眠妨害
- へやんぽ不足
- 小さい子ども（高く大きな声、走り回るときの振動）

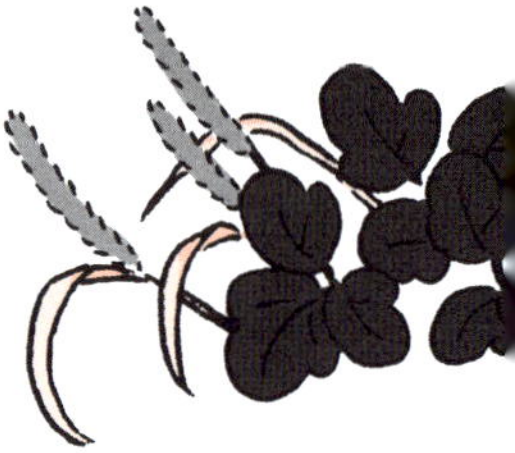

ストレスに強いうさぎにするには？

ストレスを極力取り除くことは大切ですが人と暮らすうえで様々なストレスはつきものです。ストレスになりやすいのは「知らないから怖いこと」と「嫌なこと」です。うさぎは学習能力が高い賢い動物です。箱入りうさぎにするよりも少しずつ色々な経験をさせて、この世界を学習することでストレス要因は減っていきます。初めての部屋の探索、テレビの音、初めて見る物体、初めての人などに少しずつ慣らしていきましょう。遠巻きに見て、おそ

るおそる近づいて、鼻でつついて、においをかいで「怖くない」ということを一つ一つ確認して学んでいきます。

うさぎにとって動物病院は嫌なものです。いきなりキャリーに入れられて動物病院に連れていかれるよりも、まずは野菜などのおやつを入れたキャリーを生活環境に置いておきその存在に慣らしておくとよいでしょう。初診で入院になったうさぎはびくびくしていることが多いのに対し、定期健診で病院や獣医にある程度慣れているうさぎは病院でもそれなりに落ち着いている子が多いです。「動物病院はイヤだけど獣医なんて大したことないし、いつものようにちょっと我慢すればそのうち帰れる」という経験が大きいのです。

節約術

最も費用がかかるのが医療費です。ここでは、医療費を節約するコツをご紹介します。

①光熱費を節約しない

うさぎは暑さにも寒さにも弱いです。エアコンの電気代に比べたら医療費は高額だと認識しましょう。

②牧草を節約しない

牧草による病気の予防効果は最強です。牧草代に比べると医療費は非常に高額です。超絶山盛りにしましょう。

③避妊去勢を節約しない

同じ1回の手術でも、予防としての手術よりも病巣摘出の手術のほうがかなり高額になります。

④定期健診を節約しない

ラビッツ動物病院で2か月に1回健診を受けた場合の費用は年間1万円程度ですが、病気の発見が遅れて重症化すれば数万円～数十万円かかることもあります。

⑤様子を見ない

うさぎの病気は重症化すると治療費が一気に高額になります。様子を見て回復する程度の軽症であれば、病院に行ったとしてもさほど費用はかかりません。自然回復を期待して様子を見るより、即病院に行ったほうがトータルでは費用の節約になります。

動物病院を経営する立場としてぶっちゃけると、上記の①～⑤ができていないケースが最大の収入源になっています。

目先の節約をしないことが最大の節約です。

4章

病気から守るには

医学的な観点では幸福＝健康です。美味しく食べることも楽しく跳ね回ることも「健康」というベースの上に成り立っています。

人がうさぎを病気から守る手段は予防と治療です。ここでは個々の病気の細かい解説ではなく、病気全般についてうさぎを守るためにもっておくとよい視点と考え方についてご紹介します。あらかじめ基本的な考え方を理解しておくといざ病気に直面したときに適切に対応することができます。

予防

① 睡眠と生活サイクルを守る

うさぎは早朝と夕方に活動し日中と夜に睡眠をとる生活サイクルに適応した動物です。うさぎはある程度人の生活サイクルに合わせることもできますが、本来のサイクルを極力尊重しましょう。

睡眠中のうさぎの体内では、組織の修復とメンテナンス、疲労の回復が行われています。睡眠不足は自律神経障害、免疫機能の低下、消化管機能低下など様々な問題を引き起こし精神的にも悪い影響を及ぼします。

うさぎは飼い主さんが仕事や学校で出かけている日中に睡眠をとっていることが多いですが、休日などで日中人が家で活動していると気が散って睡眠不足に陥る可能性があります。普段寝ている時間に長時間運動させることが生活リズムを崩す要因になるケースもあります。飼い主さんの生活リズムが変化しがちな連休も、うさぎの生活リズムを維持して睡眠をとれる静かな環境づくりを意識することが大切です。

聴覚が優れているうさぎは、人間が気にならないような音もうるさく感じることがあるため、注意を払う必要があります。

寝ている姿がかわいらしくて、つい写真をとったり撫でたりしたくなるかもしれませんが、寝ている時間はなるべくそっとしておきましょう。

予防

②抜け毛を取り除く

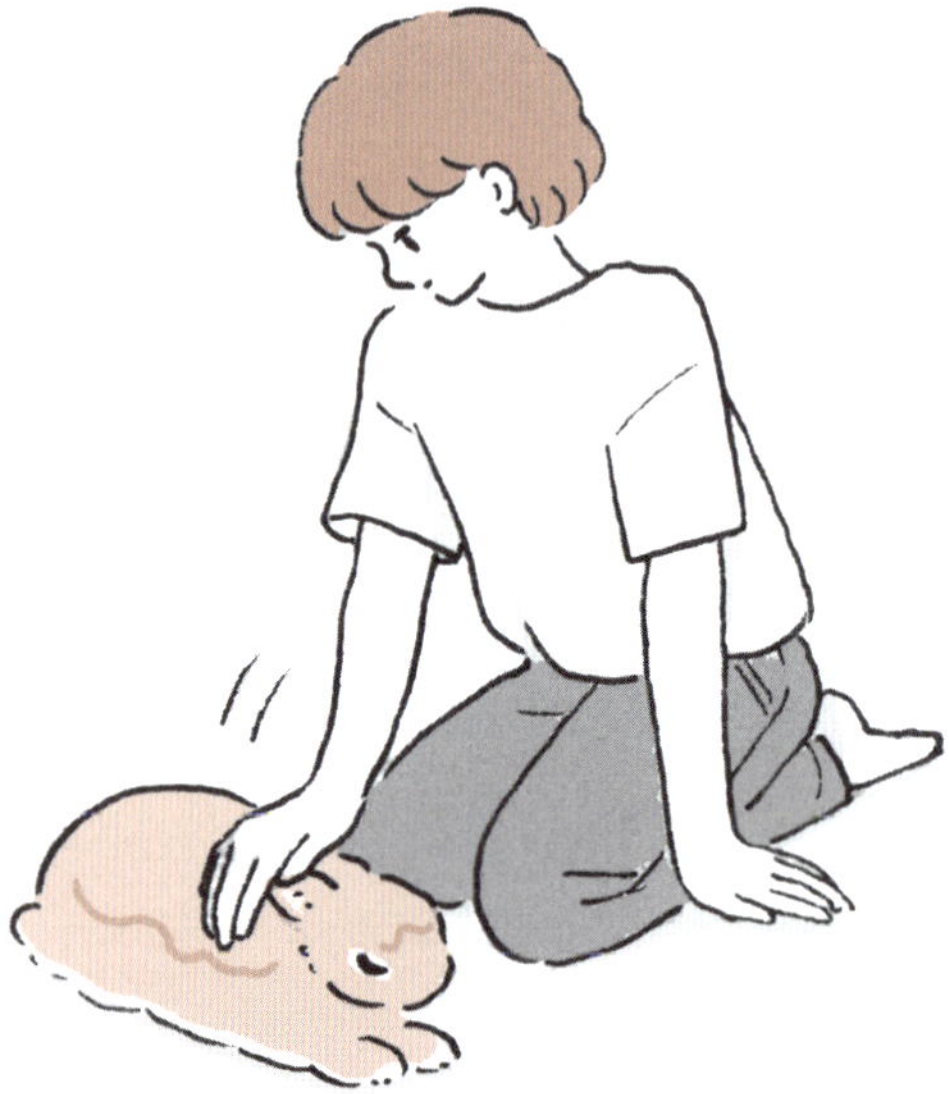

うさぎは毛づくろいで飲み込んだ毛が腸に詰まって、腸閉塞を起こす場合があります。特に毛がたくさん抜ける換毛期には注意が必要です。

　腸閉塞は命の危険があり治療費も高額になりやすいです。これを予防するためには、うさぎが毛を飲み込む前に取り除くのが有効です。抜け毛のお手入れは1日に何回とか1日何分というように形式的にやるのではなく、こまめにチェックして抜け毛が付着していない状態を常に保つという意識が大切

です。毛が生え替わる換毛期では、朝にしっかりお手入れしても半日足らずでボサボサになっていることも多いので油断できません。

抜け毛のお手入れを嫌がるうさぎは毛がひっぱられる感覚を嫌がっていることが多いです。すでに抜けて浮いている毛だけを手でそーっととっていく方法をおすすめします。頭をなでながらその流れでゆっくりそーっとうさぎが気づかないレベルの非常に弱い力で、なぞるように抜けた毛だけを取り除きましょう。うさぎに気づかれるようではまだ修行が足りません。慣れてくれば早くできるようになります。うさぎと暮らすものとして身につけておきたいテクニックです。

予防

③避妊去勢

避妊去勢をしていない場合は、下にあげた疾患のリスクにさらされることになります。雌の場合5～6歳の段階で80％が子宮に腫瘍ができ、加齢とともにさらにリスクは上昇します。中には2歳で子宮の悪性腫瘍にかかってしまう場合もあります。子宮内膜炎でも、静脈瘤を形成して破裂・大出血すると2～3日のうちに致命的になる場合もあります。雄の場合雌ほど発症リスクは高くありませんが、やはり加齢とともにリスクは高まります。雄のうさぎ

避妊手術で予防が期待できる疾患

子宮内膜過形成《しきゅうないまくかけいせい》、子宮内膜炎《しきゅうないまくえん》、子宮水腫《しきゅうすいしゅ》、子宮蓄膿症《しきゅうちくのうしょう》、卵巣腫瘍《らんそうしゅよう》、卵管腫瘍《らんかんしゅよう》、卵管《らんかん》蓄膿症《ちくのうしょう》、乳腺嚢胞性過形成《にゅうせんのうほうせいかけいせい》、乳腺腫瘍《にゅうせんしゅよう》、偽妊娠《ぎにんしん》など

去勢手術で予防が期待できる疾患

精巣腫瘍《せいそうしゅよう》、精巣炎《せいそうえん》、精巣上体炎《せいそうじょうたいえん》、鼠径《そけい》ヘルニア、瞬膜腺過形成《しゅんまくせんかけいせい》、異常発情《いじょうはつじょう》など

では繁殖の欲求がストレスになって食欲不振に陥ることもあります。

避妊去勢手術をすべきかどうか？

様々な意見がありますが、基本的には早期に手術することをおすすめします。未避妊の雌は腫瘍の発生率が高すぎる上に静脈瘤《じょうみゃくりゅう》破裂《はれつ》のような緊急事態に陥るリスクが常についてまわります。雄の場合発症率は雌よりは低いものの、どの疾患も治療は手術であり、発症するのは大抵中高年になってからです。避妊去勢していないと、複数の疾患にかかる可能性があり、治療のために複数の手術が必要になる場合があります。

例えば雌のうさぎで未避妊で子宮腫瘍と乳腺腫瘍にかかっているケースでは、子宮卵巣摘出と乳腺摘出の両方の手術が必要になります。

雄の場合、精巣腫瘍と鼠経ヘルニアにかかっておりヘルニアから脱出した膀胱内に結石を形成している場合があります。この場合、精巣腫瘍摘出、膀胱切開、ヘルニア整復と3つの手術をすることになります。

年をとってから病気にかかり、年齢的に麻酔のリスクが高まっていてさらに病的な身体で複数の手術に立ち向かうよりも、若くて麻酔のリスクが低いうちに1回の手術で全部予防しておくというのが避妊去勢の考え方です。多くの動物病院で疾患の治療としての手術よりも予防としての避妊去勢手術の費用のほうが安く設定されているため医療費の削減も期待できます。

近年うさぎの寿命は延びており、年齢と共にリスクが高くなる疾患を予防する手段として避妊去勢手術の意義はより高まっています。ラビッツ動物病院では生後8か月齢～1歳頃に避妊去勢手術をすることをおすすめしています。

避妊去勢手術の麻酔リスク

犬や猫に比べうさぎの麻酔のリスクは高く、一般に健康な若いうさぎの麻酔による死亡リスクは1%前後といわれています。獣医師やスタッフの研鑽と獣医学の発展により麻酔のリスクは下がります。日本のうさぎを専門に扱う動物病院の麻酔管理のレベルは高いので、リスクは1%よりもっと低いはずです。ラビッツ動物病院では10年間で2057件の避妊去勢手術を行い、1例の死亡例（死亡率0.0486%）がありますが、未だ死亡例0の病院も多いと思います。健康なうさぎの命を奪ってしまうことは獣医師が最も恐れていることで、どの動物病院もあらゆる手段を講じて可能な限りの安全策をとっているはずです。麻酔が100%安全ではないとはいえ、中高年以降に手術が必要な疾患にかかる確率がかなり高いことと、麻酔のリスクが年齢と共に上昇することを考えると、若くて麻酔に耐性がある時期に手術をしておくのが数字の上では有利です。若いうさぎでは手術の傷がふさがるのも早いです。

麻酔のリスクを避けて避妊去勢手術を選択しない飼い主さんもいらっしゃいますが、腫瘍を発症して苦悩した経験のある飼い主さんの多くは、次にうさぎを迎えたときに避妊去勢を選択することが多いです。ラビッツ動物病院では基本的に避妊去勢手術をすすめていますが、飼い主さんの考えや経験をもとに家族や獣医師とよく相談して納得して決めるのがよいと思います。

予防

④定期健診

うさぎの年齢を人間の年齢に換算すると

うさぎ	1か月	2か月	3か月	
にんげん	2歳	5歳	7歳	

うさぎ	6年	7年	8年	
にんげん	52歳	58歳	64歳	

ラビッツ動物病院では2か月に1回の定期健診をすすめています。

うさぎを人の年齢に換算すると、1歳以降は人の約6倍の速度で年を重ねる計算になります。つまりうさぎの2か月健診が人の1年健診のような感覚になります。2か月もすると爪も伸びている頃ですので、爪切りも兼ねて動物病院に行くタイミングとしてちょうどよいと思います。

定期健診で継続的に状態を診ていくと飼育管理のアドバイスのみで疾患を未然に防げることも多く、病気になったとしても早

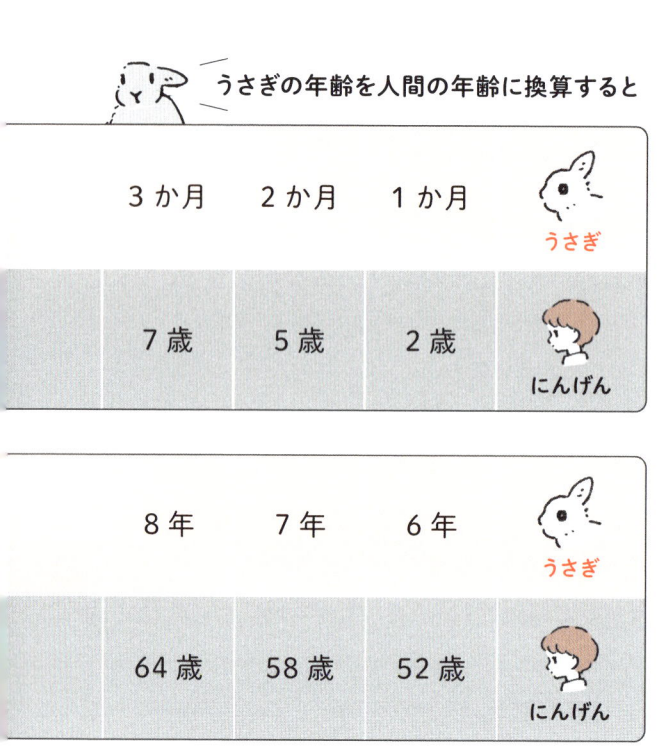

5年	4年	3年	2年	1年	6か月	
46歳	40歳	34歳	28歳	20歳	13歳	

14年	13年	12年	11年	10年	9年	
100歳	94歳	88歳	82歳	76歳	70歳	

期発見して軽症のうちに治療することが可能です。うさぎは基本的に弱みを見せないため、自宅でみていても病気を見落としがちで気づいたときには重症化していることも多いです。重症化してからの治療は手遅れになるリスクもあり、治療費も高額になります。

　動物病院への通院はうさぎにとってストレスではあるものの、定期健診を通して獣医師や動物病院に慣れているうさぎは、初めて動物病院に来たうさぎよりも治療に対するストレスが少ないことが多いです。初対面ではブルブルおびえていたうさぎが慣れてくるにつれ、診察室に入ってきて私の顔を見るなり「またお前か……」というようなうんざりした顔をしたり、ナメきった態度をとったりするようになってきます。

うさぎの病気に「様子を見る」の選択肢はない

食欲が落ちている、元気がない、便や尿が出ていない、体にできものがある、くしゃみをしている、ケガをしたなど何か少しでも異常を感じたらすぐに動物病院に行くことをおすすめします。うさぎは一分一秒を争う緊急事態に突然陥る場合があります。例えば腸閉塞や肝葉捻転は、元気だったうさぎが突如瀕死の状態となり数時間〜24時間以内に心停止することがあります。どちらも早い段階であれば治療による生存率は高いですが、様子を見てしまうと数時間のうちに手遅れになることが多いです。

一般に治療に入院が必要な病気の場合、放置した期間が長いほど入院期間も長くなり費用も高額化します。食欲は無いがおやつは食べるからとおやつをたくさん与えて様子を見るのも危険です。原因疾患に関わらず、食欲不振時のおやつの多給は肝リピドーシスと腸内細菌叢の攪乱（1章）を引き起こし、さらに悪い状態になります。「様子を見る」という選択は、もし自然に回復すればその分の医療費を節約できそうですが、自然回復する程度の軽い病気であれば動物病院を受診したとしてもそれほど治療費はかかりません。

様子を見るリスクの例

早期であれば抗生物質の飲み薬で治療可能な感染症も、放置して敗血症や膿瘍を形成すると入院や手術が必要になります。鼻炎は発症早期であれば根治可能ですが、放置して悪化した場合は一生くしゃみが治まらなくなることもあります。脚に腫瘍がある場合、ごく小さいうちであれば短時間の麻酔で簡単に切除できますが巨大化すると切除だけでなく皮膚移植や脚の切断など大手術になってしまいます。食欲低下も放置すれば24時間以内に肝リピドーシス（P.26）が進行し、もともとの原因の治療の他に肝臓の治療が必要になります。

一方、自然回復しない病気だった場合は、時間と共に重症化して後遺症や命の危険が増し医療費も高額になります。「様子を見る」というのはある意味ギャンブルですが、当たったときの恩恵は微々たるもので、ハズレたときに背負うリスクが大きすぎて賭けとして成立していません。

臨床の現場では「様子を見た数日間を治療に使えていれば」という場面が多々あります。うさぎと暮らす上で最も費用がかかるのが重症化した場合の医療費です。重症化すると長期の入院、高度な医療、手術などが必要になって医療費が格段に跳ね上がります。できる限りの予防策を講じて病気を未然に防ぐ努力をし、不調があれば軽症のうちに動物病院で治療するのが結局は一番の節約になります。

自力で治療を試みるのは危険

①切り取られた断片的な知識が危険

例えば「うさぎは常に食べていないとマズイ」というのはよく知られています。これは肝リピドーシス（P.26）などの病気に陥るからです。これに対する対処として経口流動食を与えて栄養を補給するという方法があって、動物病院でも一般的に行われます。これを知識として持っていて「食欲が無いからまず流動食を試してみる」というのは初歩的な間違いです。食欲不振の原因が腸閉塞の場合、流動食を詰め込むと腹痛は倍増し胃が破裂して死亡する場合があります。また、呼吸状態が悪いときにも流動食は危険です。うさぎは呼吸と飲み込むという動作を同時にできないため、誤嚥《ごえん》して窒息する可能性があります。流動食は実施しても安全であるという獣医師の判断が必要になります。

「食欲がないからお腹のマッサージをしてみる」も初歩的な間違いです。食欲不振の原因が肝葉捻転や腸閉塞、虫垂炎だった場合急に悪化して死亡する可能性があります。炎症性や出血性の病巣がある場合もマッサージは事態を悪化させます。

「食欲不振＝流動食」のような病状を無視した断片的な情報の切り取りや、「うちの子は食欲がないときにマッサージで治りました！」のようなマネすると危険な情報がインターネット上にあふれてうさぎの命を脅かしています。仮に流動食やマッサージで回復する程度の一時的な不調であれば病院に行っても大した治療費はかからず、大切なうさぎの命を賭けたギャンブルをしてまで節約するほどの金額ではないはずです。自分で何とかしようとせず、すぐに動物病院で診察を受けましょう。うさぎの病気について知っておくことはうさぎと暮らす上で大切ですが治療は動物病院に任せましょう。

②「症状が同じ＝同じ病気」ではない

以前もらった薬の残りを使うのにはリスクがあります。「食欲がないので、以前動物病院でもらった胃腸を動かす薬や食欲増進剤を飲ませてみる」は初歩的な間違いです。食欲不振の原因は多岐にわたり毎回同じとは限りませんし、薬剤は万能ではありません。食欲不振の原因が腸閉塞だった場合、胃腸を動かす薬は閉塞部位の炎症と出血を悪化させて痛みを倍増し胃破裂や小腸穿孔を引き起こす場合があります。おなかはすいているけど口が痛くて食べられない状態であった場合に食欲増進剤を使うと、痛くて食べられない事態は同じなのにお腹がすくというさらに辛い状態になります。病院で処方される薬は万能薬ではなく、ごく限られた特定の疾患にしか効きません。原因に合致しない薬は病状を悪化させる可能性があります。

　よくある失敗が目薬です。「目が痛そうなので、以前目が痛そうだったときにもらった目薬をさしてみる」という行為は危険を伴います。例えば以前、目が痛かった原因が内眼炎（ブドウ膜炎）で消炎剤の目薬をもらって回復したとしても、次に目が痛くなったときの原因は角膜潰瘍かもしれません。角膜潰瘍に以前もらった消炎剤の目薬を使用すると、目に穴が開いて失明する可能性があります。「目が痛い」原因も毎回同じではありません。目薬は「目の痛み全般に効く万能薬」ではなく、原因が違っていた場合には取り返しがつかない事態を招くことがあるのです。また、開封して時間が経った目薬は冷蔵庫で保管していたとしても中で雑菌が繁殖している場合もあります。

　薬は状態によっては毒にもなり得ますので、使用には細心の注意が必要です。

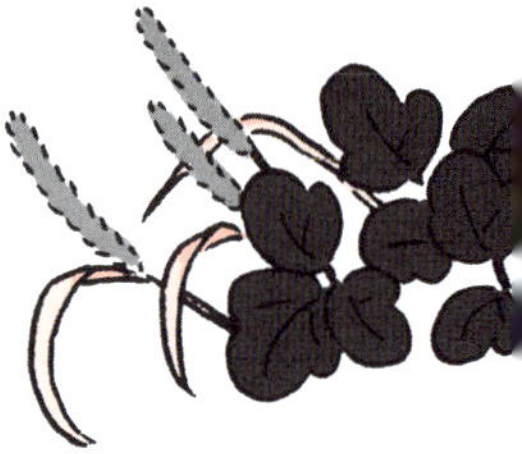

かかりつけの動物病院を見つける

ひとくちに動物病院といっても、うさぎを診療対象としない病院から、うさぎだけを診療する病院まで様々です。診察はするが手術はしないとか、眼科専門病院でうさぎも眼科診療のみ行うといったようにうさぎの医療をどこまで扱うかは病院ごとに異なっています。特に動物病院の軒数自体が少ない地方では病院探しに苦労するかもしれません。とはいえどの地域にもうさぎを飼っている人はいますので、その地域のうさぎたちがどの病院にかかっているのかインターネットやうさ友さんを通してリサーチするとよいでしょう。

最近はうさぎを診療する動物病院の情報をSNSで集めている人が多いようです。いざ病気になってから慌てて動物病院を探すのではなく、健康なうちからかかりつけを決めて定期検診を通して移動や診察に慣らしておくことをおすすめします。

動物病院受診の際にはうさぎの状況をよく把握している人が連れていくことが望ましいです。食べているものの詳細、飼育環境、過去の病歴、食欲や飲水の状況、排泄の状況などが診断のヒントになります。異常な動きや呼吸の異常、咳やくしゃみ、発作などの症状はスマートフォンで動画を撮っておくと解りやすいです。血尿や下痢をしている場合はできるだけ新しい排泄物を持っていきましょう。便はラップに包んで乾燥しないように、尿はランチャーム（お弁当用の調味料入れ）で吸引して持っていくとよいです。

うさぎにとって動物病院に連れていかれるのは不安なことですのでストレスを最小限にしたいところです。足元の安定と清潔を保つために、キャリーバックの底に吸湿性の高い厚めのバスマットを敷くとよいです。いつもの牧草を入れておけば慣れ親しんだ香りがうさぎの心の支えになります。好きなおもちゃがあれば一緒に入れましょう。好物の生野菜は水分補給にもなります。車の場合は車内の温度を20℃～24℃程度に調節してから乗り込むようにしましょう。運転は加速とブレーキをゆっくりなめらかにし揺れを最小限にしましょう。

長寿うさぎの特徴

ラビッツ動物病院は開院10年を迎え、開院当初から診ているうさぎたちが次々と13歳、14歳を超えてきています。長寿のうさぎたちの特徴をご紹介します。

① 牧草の摂取量が多い

いつ見ても牧草をよく食べており、13歳を過ぎても牧草をバリバリ食べている子が多いです。

② 運動量が多い

よく運動する子が多いです。放し飼いや一部屋うさぎ部屋として与えられている子も多いです。

③ 大胆不敵

健診で来院したときに獣医師に対して大胆不敵な態度をとっている子が多いです。メンタルが強くストレス耐性が高いのでしょう。

④ 定期的な来院

定期健診や定期的な歯科処置などでよく病院に来る子が多いです。その時々の状況にあった食事や生活環境の細かいアドバイスができるのが大きいのかもしれません。

⑤ 謎の最強うさぎ

食生活も生活習慣もめちゃくちゃで健診は受けず来院も数年に一回、でも14歳でバリバリ元気という意味がわからない謎のうさぎも少数ながらいます。生まれつき丈夫なのでしょう。

5章

老齢期の心がまえ

老齢期には年相応に身体に変化が起こってきます。日々のお世話にも若い頃とは異なった注意点があります。うさぎの老齢期にどのような変化が起こるのかあらかじめ知っているとわずかな変化にも気づきやすくなります。ここでは老齢期のうさぎの特徴とお世話をするためにもっておくとよい視点について紹介します。

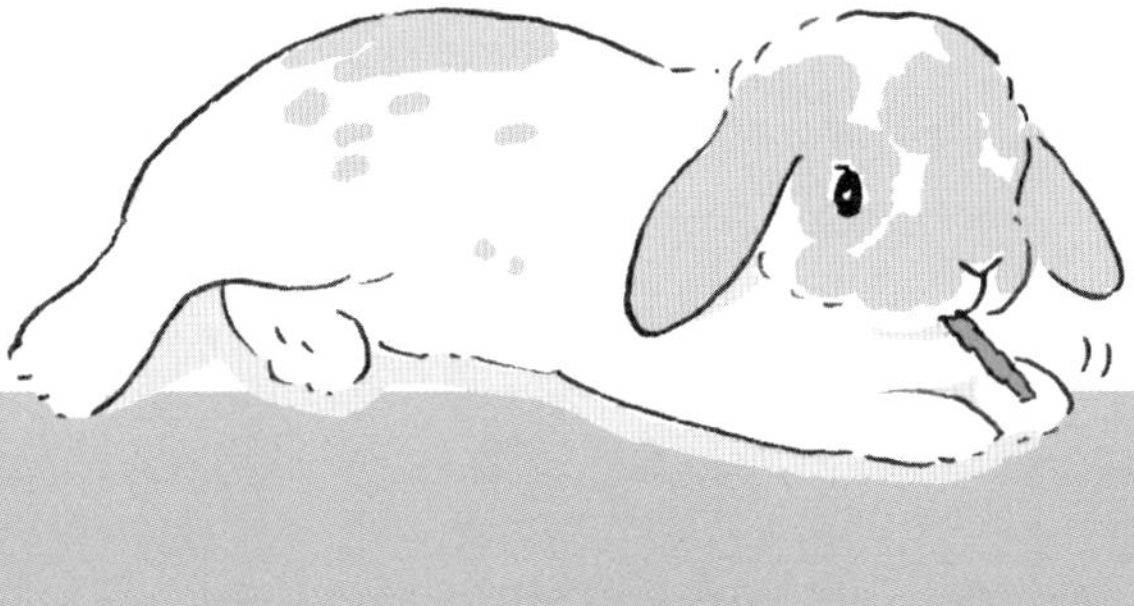

老齢期のお世話

加齢による変化

- 睡眠時間延長
- 筋肉量減少
- 柔軟性低下
- 骨密度減少
- 内臓機能低下
- 免疫機能低下
- 認知機能低下
- 毛艶減少
- 盲腸便の摂取減少
- 基礎代謝の低下

加齢によってうさぎの身体には様々な変化が起こります。自然界では加齢によって危機察知能力が鈍り逃げ足が遅くなったうさぎは肉食動物の糧となってしまいますが、人と暮らすうさぎは守られた存在であり、老後という特別な時間が与えられます。加齢によってうさぎ自身にはできないことが増えていきますが私たちの知恵と工夫で補うことで、おだやかで幸せな時間を過ごすことができます。「お世話」の重要度が高くなる時期です。

睡眠時間を大切に

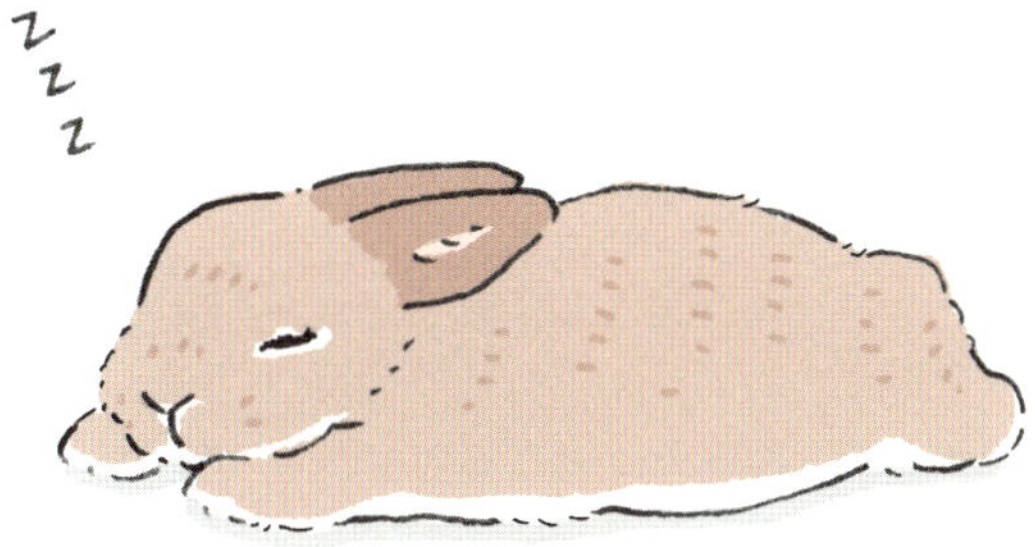

加齢とともに身体の回復に時間がかかるようになるため、睡眠（P.28）も長くなります。年をとると睡眠時間が日に日に長くなっていき、1日のほとんどを眠って過ごすようになります。静かで快適な睡眠環境を作り、うさぎの身体をしっかり回復させましょう。若いころはかわいい寝姿の写真を撮ろうとすると、接近を察知してすぐ起きてしまうことが多かったと思いますが、老齢期はシャッターチャンスです。眠るうさぎを起こさないように静かにそーっと撮影しましょう。

食事の対応

加齢とともに睡眠時間が増えて食事に費やす時間は減ります。活動時間や運動量も減り代謝も低下するため、消費エネルギーも減ります。つまり加齢とともに食事からとるエネルギーと活動で使うエネルギーが変化するため、それに応じて食事内容も調整が必要になる場合があるということです。

体重の測定や定期健診で状態をこまめにチェックし、状況に応じてペレットを少しだけ増減して調整するとよいでしょう。

牧草の摂取量低下を補う場合は牧草代用ペレット（うさぎのきわみ、チモシーのきわみ等）がおすすめです。3番刈りのチモシーのようなやわらかい牧草がシニア用として販売されていますが、1番刈りをバリバリ食べているのであれば年齢を理由に変更する必要はありません。硬い牧草を食べにくそうにしている様子が見られるようになってきたら2番刈りや3番刈りを試してみるとよいでしょう。チモシーの食いつきがイマイチのときは温存しておいたオーチャードグラスやオーツヘイを主食に昇格させるという選択も有りです。

ペレットは「グロース」「メンテナンス」「シ

ニア」として年齢ごとにシリーズ化されているものでは、シニア用に変更してもよいですがメンテナンスでも問題ありません。特定の疾患ではペレットの変更を検討する場合もありますので、定期健診を通してかかりつけの獣医師にアドバイスを受けるとよいでしょう。

　老化が進んでくると牧草の摂取量が極端に落ち、咀嚼しながら疲れてそのまま寝てしまうこともあります。この段階では3番刈りのようなやわらかい牧草に加えて牧草代用ペレットや野菜の割合を増やして、少しでも繊維質の摂取量をかせぐ選択肢をとっていくとよいでしょう。

少しでも繊維質を稼ぐという視点

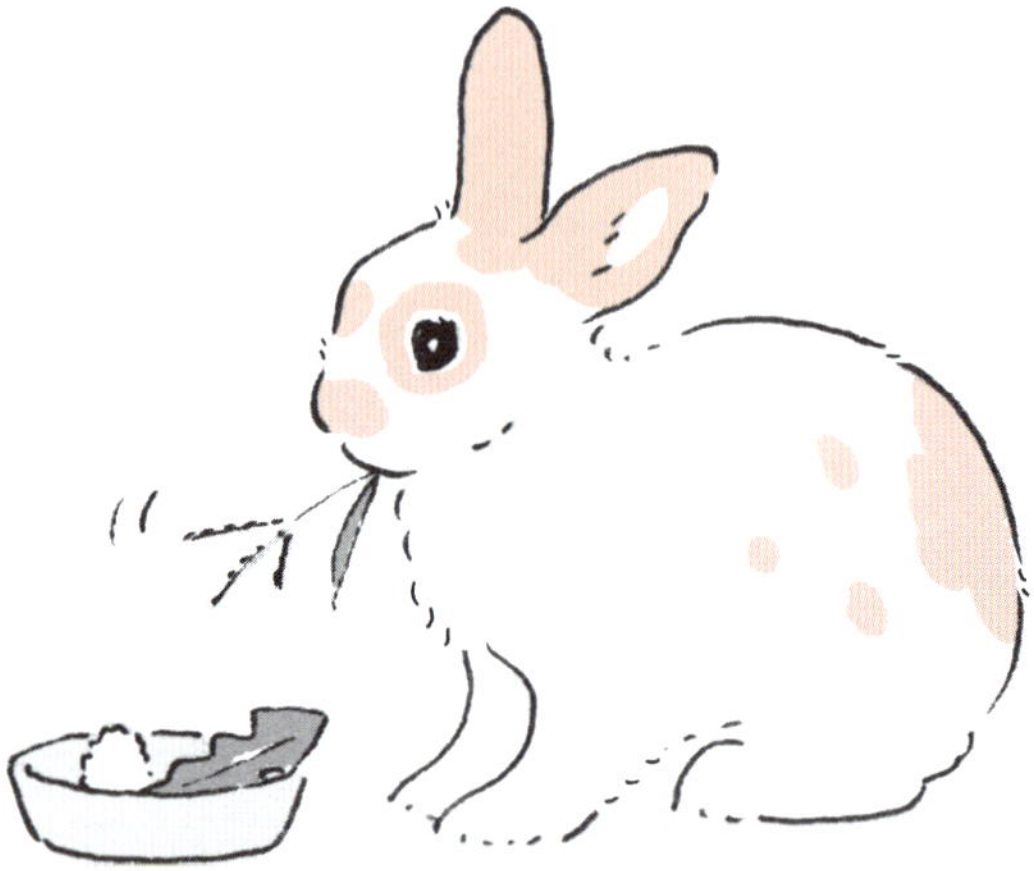

うさぎにとって牧草に含まれる繊維質が大切であることは1章で述べました。牧草を十分に食べることができればよいですが、病気や老化によってやわらかい3番刈りの牧草すら食べることが困難になることもあります。

そのようなとき

「如何にして繊維質を稼ぐか」

という視点で食事を考えることが大切です。

1 繊維質の多いペレット、牧草代用ペレット

できるだけ繊維質の含有量が多いペレットを選びます。うさぎのきわみ、チモシーのきわみ、チモシーのめぐみのような牧草代用ペレットがおすすめです。そのままで食べなくてもペンチでくだいたり、水で少しふやかすと食べる場合があります。食べないときはすりつぶしてシリンジで口に入れて与えることもできます。

2 生牧草、野草

乾牧草を食べなくても生牧草や野草は食べるケースもあります。時期が限定されるものの生牧草や野草も市販されています。近隣に野草採取ポイントがあれば目をつけておくとよいでしょう。可能であれば自宅で牧草や野草の栽培も検討しましょう。牧草栽培セットも市販されています。

3

野菜

野菜は牧草ほどではないにせよある程度の繊維質を含んでいます。老化が進み、ペレットを食べることができなくなったときも、大好きな野菜をフードプロセッサーでみじん切りにしたものであれば食べることも多いです。

4

牧草の粉砕

製粉用のグラインダーで牧草を粉砕して、フードプロセッサーで処理した野菜やうさぎ用の経口流動食に混ぜて与えるのも有効です。粒子が0.3㎜以上（不消化性繊維）であればよいのでそれほど気にしなくて大丈夫ですが、細かく粉砕しすぎると盲腸うっ滞を引き起こす可能性があるので注意が必要です。短時間でやや粗く粉砕するとよいでしょう。製粉用のグラインダーはネット通販などで購入できます。

5

ハーブ

美味しそうなにおいは食欲を刺激します。ハーブを大量に与えるのはおすすめしませんが、大好きなハーブがあれば香りが食欲を刺激することがあります。野菜や牧草を細かくしたものに、大好きなハーブで香りづけすると食いつきがよくなることがあります。

牧草を食べることができなくなったとき、できるだけ繊維質の摂取量が多くなる選択肢をとっていくことが大切です。そのための布石として健康なうちから牧草代用ペレット、野菜、野草、ハーブなどを少量のおやつとして与えて味覚を拡張しておくことが役立ちます。

食事の介助

老化が進むと、歯に問題が無くても顎ですりつぶす動きがうまくできずに牧草を食べることが難しくなることがあります。好きな野菜と少量の牧草をフードプロセッサーで粉砕して与えてみましょう。好きなハーブがあれば少量混ぜると嗅覚から食欲を刺激できることもあります。ペレットをかみ砕くのが難しそうであれば、砕いたりふやかしたりすると食べることができるかもしれません。

自力で食べることが難しい場合、食事介助が必要になります。少しふやかしたペレットやちぎった野菜を口に入れてあげると食べる場合があります。食事を受けつけない場合、うさぎ用の経口流動食をシリンジで与えると栄養と水分を同時に摂取できます。流動食はうさぎの老化の段階によって、与える量やタイミングを考慮する必要がありますので開始するときは動物病院で相談することをおすすめします。

かなり老化が進んだ段階では「何g与えなければならない」とか、「体重を維持しなければならない」というよりも無理のない範囲でコンスタントに栄養と水分を摂取することが大切です。

胃腸の機能も落ちているため一度に大量の食事を詰め込んでも消化不良を起こしますし、ほとんどの時間を眠って過ごしているため必要とするエネルギーも少なくなっています。筋肉量の減少で体重が少しずつ落ちてくるのが自然な変化です。大量の流動食で体重計の目盛りだけ維持しようとするとうさぎの負担になってしまいます。

老化が進んでくると柔軟性の低下から盲腸便を摂取しなくなることも多いです。その場合は、出した直後の盲腸便を口元に持っていくと食べてくれることがあります。

また、盲腸便で摂取するはずのアミノ酸やビタミンB群の不足を補うために、これらを含有したペレットや流動食を与えるとよいでしょう。

飲水量の確認

飲水量に変化がないか観察しましょう。一見元気であっても飲水量が異常に増えるときは、なんらかの疾患が潜んでいる可能性があります。そのような様子に気づいたら、動物病院で診察を受けましょう。

また、老化が進んでくると、これといった疾患がなくても水を飲まなくなることがあります。ペレットに水を含ませたり、野草や生野菜をよく洗ってあまり水を切らずに与えたりすると水分補給になります。

無理のない運動

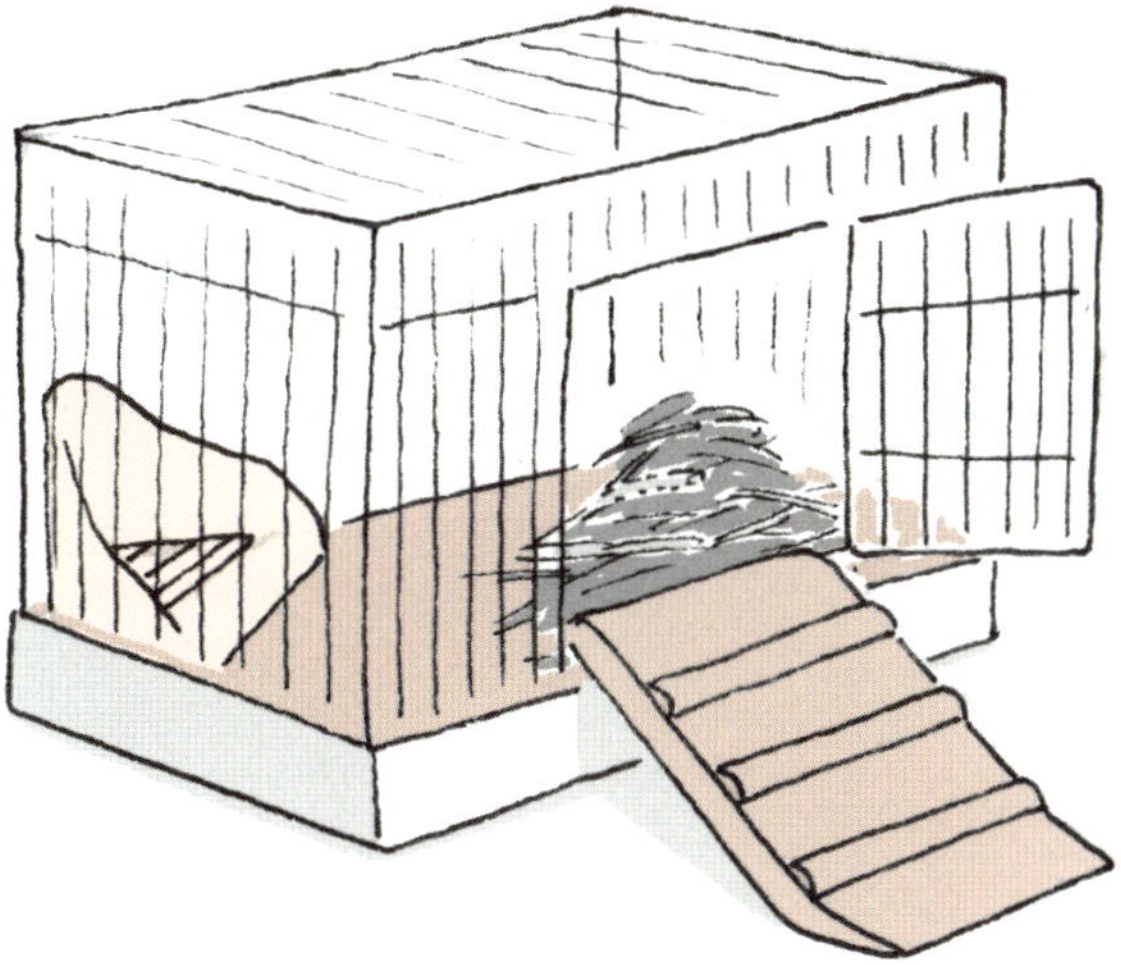

加齢に伴って筋肉量の減少、関節の柔軟性の低下、骨密度の減少、神経機能の低下などにより運動能力は低下していきます。うさぎは若いつもりで無理をして着地に失敗したり、段差につまずいてケガをしてしまうことがあります。

まずは、生活環境の段差をなくしたりスロープを設置するなどの工夫をするとよいでしょう。極力運動機能を維持するために、無理のない範囲で運動を継続することが大切です。コンスタントに運動しているうさぎであれば、老化が進んでも寝たきりになりにくくなります。

衛生管理

加齢により免疫機能が低下してきますので環境を清潔に保つことの重要性が増します。

柔軟性の低下が進むと排尿姿勢がとれない、盲腸便をうまく摂取できないことからおしり周りが汚れやすくなります。おしり周りが汚れていると周囲の皮膚炎を起こしやすくなります。

また、尿道から菌が侵入して膀胱炎を起こしたり、セルフグルーミング時に汚れを吸い込んで呼吸器感染を引き起こす可能性もあります。そのため、汚れた部分の毛をトリミングするなどの対処が必要です。家庭での対処が難しい場合は定期的に動物病院で処置してもらうとよいでしょう。

本来うさぎはシャンプーやお風呂などは必要としない動物ですが、寝たきりになっている場合はおしり周りがかなり汚れやすく、洗うことが必要になってくることもあります。全身ではなく、汚れている部分だけをぬるま湯で静かに洗い、キッチンペーパーやタオルで水気をよく拭きとって遠めから弱くドライヤーをあてて、よく乾かしましょう。

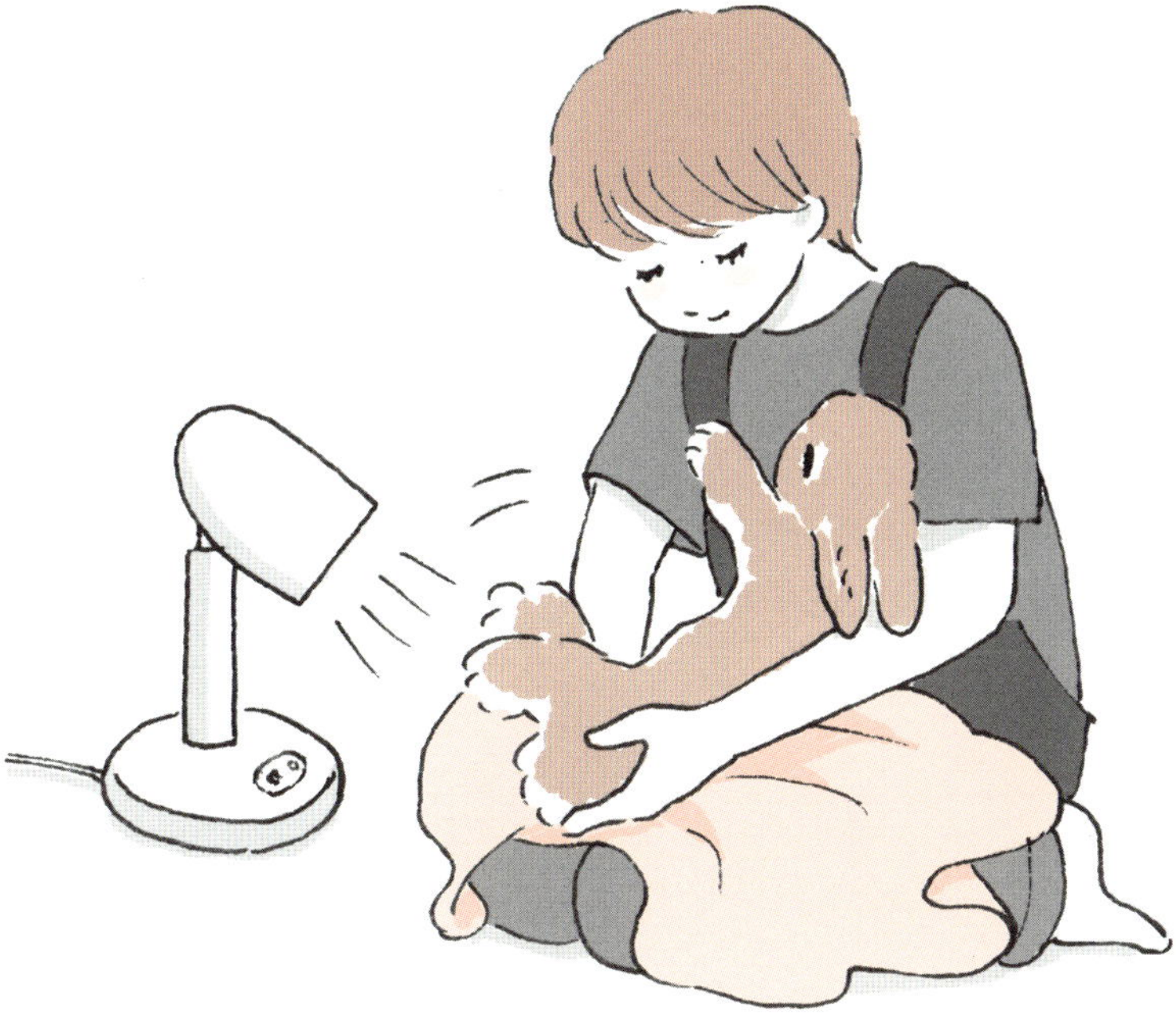

定期健診

加齢に伴って免疫機能や内臓機能が低下し病気にかかる可能性は高くなっていきます。うさぎの病気は一見元気に見えても進行していることが多いため、老齢期では特に動物病院での健診の重要度が高くなってきます。

加齢によって増えてくる様々な疾患も早期に発見して治療を始めることができれば、進行を抑えて生涯に渡って無症状に維持できることも多いです。定期的に健診を受けることで、加齢と共に徐々に変化してくるうさぎの状態に対して、その時々に最適な生活や食事のアドバイスを受けることもできます。

獣医師の立場としても初診のうさぎよりも定期的に診ているうさぎのほうが経時的な状態の変化を把握しやすく、病気の発見やアドバイスが格段にしやすくなります。

老齢期では特に定期的にうさぎに詳しい獣医師のアドバイスを受けることをおすすめします。

参考書

老齢期のうさぎに必要なサポートについてはそれぞれのうさぎごとに異なっており、様々な工夫が必要になります。共に暮らしてきた大切なうさぎのために万物の霊長である人間の知恵を振り絞るときでもあり、そんなときは先人の知恵が大いに参考になります。

ここでは、老齢期のお世話について試行錯誤するときに参考になる書籍を紹介しておきます。

- うちのうさぎの老いじたく
（うさぎの時間編集部編　誠文堂新光社）
- ウサギの看取りガイド
（田向健一監修　株式会社エクスナレッジ）

しあわせのかたち

本書はうさぎがしあわせになるように願って書きました。

うさぎの飼育法も獣医学もすべてはうさぎのしあわせのためにあります。うさぎの個性は多種多様で、しあわせのかたちもそれぞれ異なっています。うさぎと暮らすということは、「うさぎの一生を引き受けてしあわせにする」とうさぎと約束するということです。不幸を取り除き日常を身近な幸福で満たしてあげましょう。共に暮らすうちに、「朝の掃除の後にペレット」や「仕事から帰ってきたらへやんぽ」のような、うさぎとの小さな約束が増えていきます。うさぎはこの約束を楽しみにしていて、破られるとがっかりしてしまいます。日々の小さな約束を守りましょう。よく観察し、改めてあなたのうさぎのしあわせのかたちを考えてみてください。

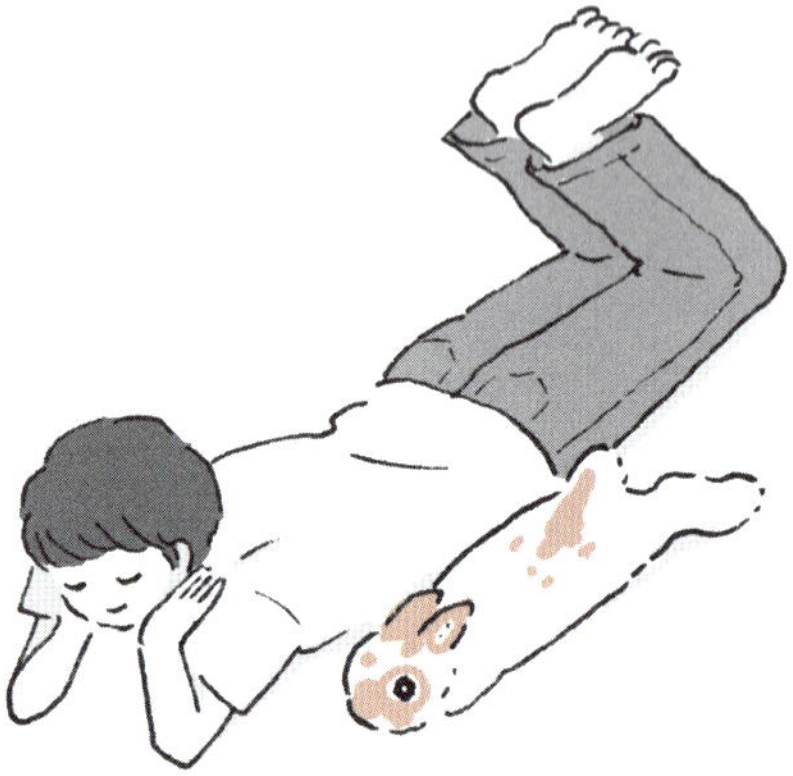

★みなさんのうさぎはどんなときに幸せそうですか？　また、どんな不幸が考えられ、その不幸はどうしたら取り除いてあげられそうでしょう？「日常」を基準として、考えて記入してみましょう。

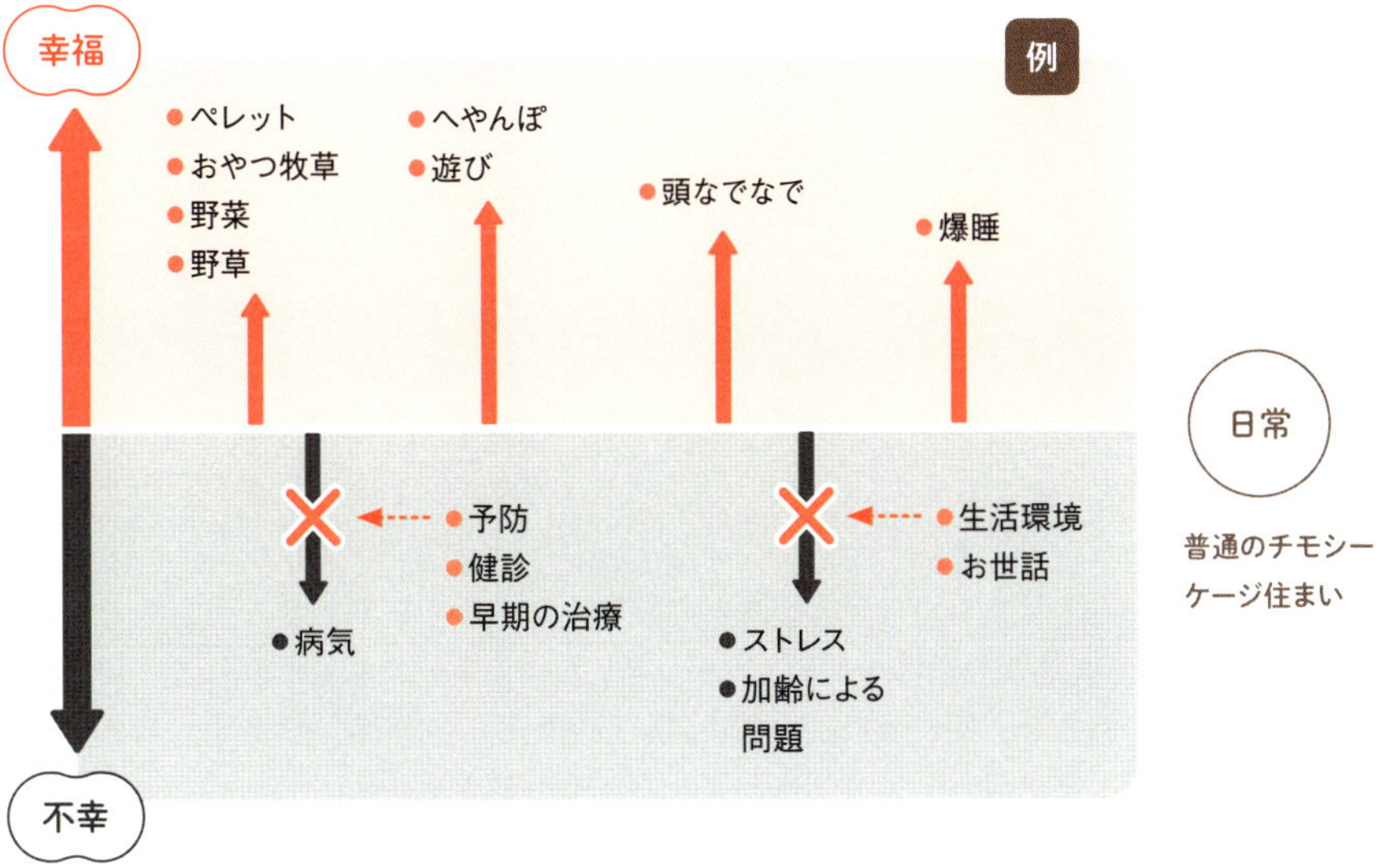

＼ 記入してみましょう ／

COLUMN

私とうさぎとうさぎの本

大学1年目の夏、うさぎのシェリーと暮らすことになりました。書店でうさぎの本を全て立ち読みし、最も詳しく書かれていた『ザ・ウサギ』（大野瑞絵著）を買いました。初めてで知らないことだらけでしたが、『ザ・ウサギ』を何度も読み返して学びました。そこに「うさぎの寿命は最高15年」と書かれていましたので「うさぎの獣医になって最期まで診るから15年生きるんだぞ」と約束しました。こうして大学6年間、勤務医4年間、ラビッツ動物病院を開院して5年間、うさぎの医療を目指して共に歩みました。その間シェリーは一度も病気をしませんでしたが14歳ごろから老化の兆候が出はじめ、病院が軌道に乗るのを見届けて15歳6か月で月に旅立ちました。かくしてお互い約束を完遂したわけですが、シェリーは6か月分のオマケをつけていました。「まだ終わりじゃないよ、オマケをつけてね。」と言われているような気がしました。本書の執筆も私なりのオマケのつもりで引き受けましたが、図らずも『ザ・ウサギ』の著者である大野さんに6章の執筆を協力いただいたことに不思議な縁を感じます。なんとなくシェリーが引き合わせてくれたような気がしています。

6章

うさぎの心を満たす コミュニケーション術

うさぎは、飼い主さんと密接なコミュニケーションをとることができる動物です。
うさぎには飼い主さんを信頼することができる能力があるからこそ、それが可能です。
よいコミュニケーションをとるためのヒントを探っていきましょう。

6章執筆／大野瑞絵

うさぎは コミュニケーション能力が高い

うさぎは、群れで暮らすことのできる動物です。群れでの暮らしには、一緒に生きていく仲間との間でのコミュニケーションがとても重要です。近くにいるほかの動物が自分に対してどのような感情を向けているのかを察知するのも、身を守るために必要なコミュニケーション能力のひとつといえます。つまり、飼い主さんがうさぎに向けている気配も敏感に感じ取っているのではないかと思われ

うさぎは昔は「無表情」だといわれることもありましたが、感情を隠していたのは、今のような密接な人との信頼関係が作られていなかったからかもしれません。

ます。うさぎと飼い主さんとの関係によっては、飼い主さんがうさぎに向けている気持ちが、うさぎにとっては「注目してくれていて嬉しいな」かもしれませんし、「狙われているようで嫌だな」かもしれません。このことからも、よい関係を作っていくことは大切です。そのために、飼い主さんがうさぎの感情を理解して、上手につきあっていく必要があります。

気持ちが飼い主さんに伝わっていることがわかると、うさぎの感情表現もより豊かになるかもしれませんし、うさぎの持つコミュニケーション能力をもっと引き出してあげることにもなるでしょう。

今、感情を隠す必要がないくらい信頼関係ができてきたからこそ、うさぎは喜びや怒りなどの感情をはっきりと示してくれ、飼い主さんとのコミュニケーションも深まっているのだと思います。

うさぎの個性

うさぎにも、人と同じように一匹ずつ個性があります。見た目の個性はもちろんですが、その性格もそれぞれに異なります。

　個性はどんなふうに定まっていくのでしょう。まず、とても慎重だったり怖いもの知らずだったりといった、そのうさぎが持って生まれた個性があります。同じように接していても慣れやすいうさぎと慣れにくいうさぎがいるのは、こうしたもともとの個性の違いによるものです。それに加えて、日々のさまざまな体験や学習によって後から身についたものが関わって、そのうさぎの個性が定まっていきます。どんな個性をもっているうさぎなのかを理解して、それに合った接し方をすることで、うさぎが心地よく生活できる、うさぎとの適切な距離感を見つけられるようになるでしょう。

　ただ、気をつけたいのは、最初から「個性」を決めつけてしまうことです。なつきにくいと思ったうさぎでも、「こういう子だからしょうがない」とあきらめず、優しく接することで、実は甘えんぼうなうさぎだったというように、隠れていた個性が見つかることはあるかもしれません。

うさぎの性格のベースにある警戒心の強さ

うさぎの個性について、もうひとつ心に置いておきたいことがあります。

個性はさまざまではありますが、うさぎは被捕食動物であり、警戒心が強いということが、すべてのうさぎの「軸」としてあるということです。そこからの距離がどう違うのかが、うさぎの個性のひとつだといえるでしょう。

もともと警戒する気持ちが弱いうさぎだと、早めに心を開いてくれたりしますが、そんなうさぎでも接し方が乱暴だと、怖がりになってしまうことがあります。一方では、もともと警戒心が強いうさぎでも、飼い主さんの接し方次第で、なついてくれることもあります。

表情や姿勢から、うさぎの
気持ちを読み取りましょう

目

白目をむく

普段のうさぎは白目がほぼ見えません。白目が見えるのは、大きく目を見開いている状態で、このときのうさぎは興奮していたり、警戒していたりします。眼球が飛び出るばかりに突出して出目になっている場合は、病気のこともあるので注意しましょう。

目をつぶる

目をつぶっているのは、眠っているときです。目を開けたまま眠るうさぎもけっこういます。「うちのうさぎは目をつぶっていることがないので、寝ていないのかしら」と心配することはありません。

半目になっている

眠っているときに、半目になっていることがあります。また、起きてはいても、とてもくつろいだ気分のときにも半目になっています。気をつけたいのは、体調が悪いときにも目をぱっちりと開かずに細めている場合があることです。そのときはケージの隅にいたり、背中を丸めるようにしている様子が見られます。

鼻

鼻をヒクヒク

うさぎの鼻はヒクヒクとよく動き、すぐれた嗅覚で周囲のにおいをかぎとっています。特によく鼻をヒクヒクさせているのは、周囲で起きていることに好奇心をもっているときや、警戒しているときなどです。

鼻がヒクヒクしていない

鼻がヒクヒク動いていないときは、周囲を警戒せず、安心しているときや、眠っているときです。目を開けて眠るタイプのうさぎが寝ているのかどうかを判断するときは、鼻を見てみましょう。鼻の動きが止まっているときは、眠っていることが多いです。

耳

後ろに倒す

耳を後ろに倒しているのは攻撃的になっていたり、神経質になっているときです。全身にも緊張感があるでしょう。

くつろいでいるときも耳を後ろに倒しますが、このときは背中に沿うように倒しています。

ピンと立てる

警戒しています。何が起きているのかを探るため、左右を別々に動かしてあちこちに向けたり耳を傾け、音源を探っています。

自然に立っている

少し後ろに傾いていますが、自然に立っているのはリラックスしているときです。

耳を前に傾けている

探索してみようと思っているものに好奇心を向けているときです。用心深く、慎重にならなくては、という気持ちもあるでしょう。

ロップイヤーの場合

立ち耳のうさぎほどには耳の動きをコントロールできませんが、ロップイヤーの耳もそのときの感情によって動きます。リラックスしているときは自然に垂れ、好奇心があったり用心深くなっているときは耳を前に傾けるようにします。

しっぽ

しっぽを背中に自然に沿わせている

しっぽに力が入っておらず、背中に自然に沿わせているときは、平常心のときです。何かに警戒もしていないし、リラックスしすぎてもいない、ニュートラルな気分です。

しっぽを体から離して立てる

しっぽを体から離して立てているのは、攻撃的な感情になっているときです。

しっぽを振る

しっぽを振るのは、興奮しているときや、かまわれたくないときに見られます。

しっぽの裏側がよく見えるように立てている

野生のうさぎは体は茶色ですがしっぽの裏側は白いため、しっかりと上向きに立てていると白がよく目立ちます。このように立てているのは、繁殖シーズンにオスがメスに対して自己主張するときや、敵がいることを周囲に警告するため、敵が白いしっぽに気づいて追いかけてくる間にほかのうさぎが逃げられるようにするため、などといわれています。白いしっぽに敵の視線が集中しているときに、うさぎが急にピョンと跳ねて逃げていくと、敵が見失いやすいともいわれます。

しっぽを垂らす

とてもリラックスしているときにしっぽがだらんと垂れています。自分よりも優位なうさぎがいるときに、服従を示すためにしっぽを垂らすともいわれます。

警戒しているときの姿勢

とても警戒しているとき

耳を警戒する対象がいるほうに向け、四肢の裏を床につけていつでも動けるようにしています。全身が緊張している状態です。

姿勢を低くする

警戒していて、逃げたいと感じているときは、できるだけ目立たないよう、体を低く、平らにしています。このような体勢には、服従の意味もあります。

腰が引けている

警戒し、敵の正体を見きわめたいと感じながらも、怖さのほうがまさっているときは重心が後ろ足のほうにかかっています。

怖いけど好奇心がある

怖いなと感じているものの、好奇心のほうがまさっているときは重心が前足のほうにかかっています。

リラックスしているときの姿勢

とてもリラックスしているとき

四肢を投げ出し、しっぽは垂れ、耳も緊張感がなく力が抜けています。足の裏が地面についていないとすぐに逃げ出すなどの行動ができませんから、手足を伸ばして横になっているのはそれだけリラックスし、安心していることをあらわしています。

倒れ込むように横になる

寝転がるとき、急に倒れ込むようにバタンと横になることがあります(「バタン寝」と呼ばれたりします)。これも、警戒していないときに見られます。

香箱座りをする

「箱座り」とも、英語だと一斤の食パンという意味のloafともいいます。その名称のように四肢を体の下にしまい込む座り方です。前足も折りたたんでいて、すぐには動けないので、安心しているときに見られます。

とてもリラックスしている寝姿

ほとんど仰向けになるようにして、急所のはずのお腹を見せた寝方を「ヘソ天」と呼んだりします。このように寝ないからといって「リラックスしていない」わけではないですが、この寝姿のうさぎは間違いなくとてもリラックスしているでしょう。

これはどんな意味？ その①

掘る

地面を掘るようなしぐさをするのは、穴掘り行動の名残りです。実際に穴を掘ることができていないのはうさぎもわかっていると思いますが、生まれながらに身についている本能的な行動をすることで精神的な安心感はあるのかもしれません。ストレス発散や退屈しのぎの場合もあります。過去に穴掘り行動をしたときに飼い主さんが構ってくれたとすると、飼い主さんの注意を引くためにやるなど、別の意味をもってくる場合もあります。穴掘り行動自体は、メスのほうがよく掘るといわれます。

埋め戻し行動

前足で布を広げるような動きをすることがあります。これは、掘った穴に土をかけて埋め戻してならす行動の名残りで、メスが子うさぎのいる巣穴に蓋をするときの行動といわれています。なにか不安があるときに見られるとされています。

あくび

あくびをする理由は人の場合でもはっきりとはわかっていないようで、眠りから覚めたときや、退屈で眠いときにはっきりと目を覚まそうとするため、眠るときに緊張をほぐすためではないかなどといわれています。犬だと、落ち着きたいときや相手を落ち着かせたいときのしぐさ（カーミングシグナル）のひとつといわれます。

うさぎがあくびをする理由ははっきりわかりませんが、気分を切り替えようとするタイミングでしているのではないかと思われます。あくびではないのにうさぎが口を開けているのは、不正咬合があったり、鼻が詰まっていて鼻で呼吸ができないなど、何か問題が起きている場合があります。

伸び

うさぎの伸びはストレッチのようなものでしょう。次の行動に移ろうとするときに体を伸ばしてストレッチをしたりします。あくびと同様に、気分を切り替えようとするときに行うのかもしれません。犬だと、カーミングシグナルとしても知られています。あくびや伸びは、周囲を警戒しなくてはならないときにはできないことなので、これらが見られるときは周囲に不安要素がないときともいえそうです。

うたっち

後ろ足で立ち上がる通称「うたっち」は、野生では周囲を警戒するため、できるだけ目線を高くしようとしてします。家庭でも周囲を見渡すためという目的がありますが、「うたっち」をすると飼い主さんがほめてくれたり、おやつをくれたりすることがあるので、うさぎが「うたっちをするといいことがある」と学習してする場合もあります。

怖い＆警戒しているときの行動

走って逃げる

その場から逃げられるようなら、うさぎは逃げることを選びます。逃げることに必死なので、家庭だとペットサークルに激突するなどのトラブルが発生することもあります。

足ダン

後ろ足で地面を強く叩く（スタンピング）、通称「足ダン」は、周囲の仲間に「敵がいるから警戒して！」と伝えるためや、敵に対して「お前の存在には気づいているから襲ってこようとしても無駄！」と伝えるためといったことが本来の意味です。

家庭でも物音に驚いたときなどに足ダンをしますが、恐怖を感じるようなことではなくても、うさぎにとって何か気に入らないことがあったときなどにも足ダンをします。飼い主さんに何かを主張していたり、今の気分を伝えようとしていると見られます。

フリーズしている

うさぎに限らず動物が恐怖を感じたときにとる行動として、動かず固まる（Freeze）、逃げる（Flight）、戦う（Fight）という「3つのF」が知られています。固まったようにじっとして動かないときは、敵に見つからないようにしながら、次にどうすればいいのかを判断しているのです。

噛む

「窮鼠猫を噛む」ということわざがあるように、追い詰められて逃げることができないときは、戦うことを選びます。飼い主さんがうさぎに対して何かしようとしたときに（抱っこしようとするなど）強く噛みついてくるのは、うさぎが追い詰められているからです。

軽く噛む

強く噛むのではなく、歯を当てる程度に軽く噛んでくることがあります。何か気に入らないことをされたときや、軽い威嚇を意味します。

愛情表現

なめる

飼い主さんの手をなめることがあります。愛情表現といわれています。飼い主さんがうさぎをなでてあげたことへのお返しとして、グルーミングをしてくれているつもりなのかもしれません。反対に「もうやめて」という意味をもつこともあるようです。

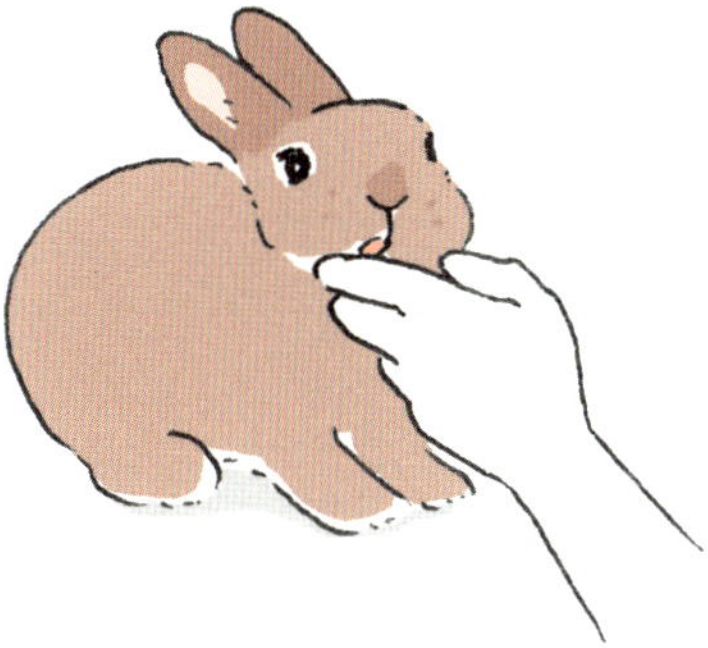

足元を回る

立っている飼い主さんの足の周囲を走り回ったり、8の字を描くように回ったりします。繁殖シーズンにはオスがメスの周りを回ってアピールします。飼い主さんに対して行うのも愛情表現や、興奮しているとき、また、楽しい気分のときです。

くっついている

あまりかまわれるのが好きではなかったり抱っこは嫌がるのに、一緒の空間にいるときには座っている飼い主さんのすぐそばにくっついていたがるようなうさぎもいます。そのうさぎにとっては、これが信頼と愛情の形です。飼い主さんへの愛情のあらわし方はさまざまです。

楽しいコミュニケーション

なでてほしがる

うさぎが自分から「なでて」とせがんでくることがあります。飼い主さんの手の下に頭を突っ込んできたり、手を鼻先でつついてきたりします。野生だと群れの中で、順位が上のうさぎが下の個体に毛づくろいをさせるので、「なでて」とせがんでいるというよりも、「なでろ」と命じているのかもしれません。いずれにせよ、飼い主さんを仲間と認めていることは間違いないでしょう。

鼻ツン

飼い主さんの手足などを、鼻先でツンツンとつついてくるのは、なでてほしいときや遊ぼうと誘っているときです。ただし、うさぎが進もうとしているところに飼い主さんがいて、邪魔になっているときにも鼻先で強くつついてくることがあります。

プゥプゥ鳴く

うさぎは声帯が発達していないので、犬や猫のような鳴き声は出しませんが、鼻を鳴らすことで気持ちを伝えてくれます。楽しい気分のときは、「プゥプゥ」と鳴き声をあげます。怒っているときは、「ブー!」「ブゥブゥ」と鳴き声をあげます。

軽い歯ぎしり

毛づくろいやマッサージをしてあげているときなどにカリカリと聞こえてきたり、手で振動を感じる軽い歯ぎしりがあります。気分がいいというしるしです。うさぎがひとりでくつろいでいるようなときにも、聞かれることがあります。注意したいのは強い歯ぎしりです。痛みなどがあるときには、ギリギリと強い歯ぎしりをすることがあります。

ひねりジャンプ

うさぎがひとりで遊んでいるときでも、飼い主さんと一緒に遊んでいるときでも、とても楽しいときに見られるものです。その場でジャンプをしたり、頭だけを振ったりするほかに、体をひねるようにしながらジャンプします。

スマホを攻撃してくる

うさぎとの遊びの時間に、飼い主さんがスマホに夢中になっているとき、スマホをどかそうとしたり、スマホに噛みついてくることがあります。飼い主さんのことが大好きで、自分と遊んでほしい、自分に注目してほしい、という意味があるのではないでしょうか。なお、スマホの充電ケーブルなどをかじるとたいへん危険なので、うさぎの行動スペースには置かないように気をつけましょう。

これはどんな意味？ その②

背中を向ける

不快なときや何かに怒っているとき、足ダンといったわかりやすい「抗議」をするうさぎもいますが、飼い主さんに背中を向けてネガティブな気分であることを示すことがあります。うさぎは視野がとても広いので、背中を向けていても飼い主さんの様子を観察することができています。
なお、ただ不快な気分というだけではなく、ケージの隅で背中を向けてうずくまっているようなときは体調が悪いおそれがあります。

毛づくろい

セルフグルーミングとは自分自身の毛づくろいをすることで、被毛や皮膚を清潔に保つために行いますが、気持ちを落ち着けたいときにすることもあります。

顎をこすりつける

うさぎは顎の下に臭腺があり、なわばりの境界や群れの仲間に顎の下をこすりつけてにおいつけをします。これは家庭でもよく見られます。飼育グッズだけでなく、飼い主さんにも顎をこすりつけて「群れの仲間」のしるしをつけます。

毛をむしり取る

メスが妊娠すると子育て用の巣作りのために、自分の胸の毛をむしり取ります。実際に妊娠していないときでも（偽妊娠）この行動が見られることがあります。

巣作りとは関係なく、ストレスで自分の毛をむしることや、多頭飼育をしていると別のうさぎの毛をむしることなどがあり、注意が必要です。

お尻をピクピクさせる

美味しいものを食べているときに、腰からおしりにかけての筋肉をピクピクさせるうさぎが多くいます。特に果物などが多いのですが、盲腸便や好物を食べているときにも見られることがあります。理由はよくわかっていませんが、嬉しいときだろうと考えられます。

ケージの中で暴れる

ケージの中で食器やトイレ容器などをひっくり返そうとするなど、暴れているのは、何かしら気に入らないことがあり、そのストレスで当たり散らしているのかもしれません。いわゆる思春期でイライラしていることもあります。また、飼い主さんの注意を引こうという意味もあります。

うさぎと遊ぼう

うさぎとの暮らしにはぜひ遊びの時間を取り入れましょう。遊ぶのが好きなうさぎは多いものです。

遊びにはうさぎの生活の質を高めるよい効果がたくさんあります。

うさぎに遊びの機会を作る目的は、第一に、いろいろな行動を促すためです。飼われているうさぎの行動は単調になりがちです。うさぎにもともと備わっている行動を遊びとしてできるようにすることで、うさぎが本能的な満足感を感じられるようにしましょう。

次に、コミュニケーションを深めるためです。飼い主さんと一緒に遊び、楽しい時間を共有することが、信頼関係を深めることにもつながります。

遊びの効果にはさまざまなものがあります。それは、うさぎを退屈させない、うさぎの好奇心を満たす、体を使う遊びならよい運動になる、頭を使う遊びなら精神的によい刺激にもなる、うさぎの行動を観察することで健康チェックにもなる、といったものです。

時間の長さに特に決まりはありません。遊び方にも個性があります。ずっと走り回っているような活発なうさぎや、遊びに誘えば走

り回るうさぎもいますし、ケージから出ても動き回らないものの、それでも気分転換にはなっているらしいうさぎもいます。時間は、飼い主さんにとって無理のない長さにしましょう。コミュニケーションをとりながら一緒に遊ぶときは、うさぎが飽きないうちにやめるのがよいかもしれません。

注意したいのは、体を動かす遊びは、疲れさせすぎないようにすることです。特に子うさぎは疲れを気にせず遊び続けてしまい、まだ体力がないので疲れすぎてしまうこともあります。ほどほどの時間で区切って、休ませてあげることも必要です。高齢のうさぎも体力が落ちてくるので無理はさせないようにしますが、体を動かすことは大切です。様子をよく観察しながら、そのうさぎに応じた遊びを取り入れましょう。

うさぎのひとり遊び

うさぎの主な遊びは、本能的な行動を生かした遊びです。穴掘り、ものをかじる、狭いところにもぐりこむといった行動を遊びに取り入れて、うさぎがひとりで好きなように遊べるものを用意しましょう。ひとり遊びといっても、安全に遊べる準備をしたり、危なくないか見守ることは必要です。

走る

サークルで囲むなどして、十分な広さの安全な空間をキープし、好きなように走れるようにします。

かじる

かじってもよいおもちゃなどを用意しておくとかじるうさぎは多いです。木製や、わら製の飼育グッズをかじって壊すのも好きです。

ジャンプ

遊びスペースにうさぎが楽に乗り降りできる程度のちょっとした高さのものがあると、飛び乗ったり飛び降りたりして遊びます。見晴らしがいいことを好むうさぎもいます（高さがありすぎると危ないので注意しましょう）。

掘る

家庭で見られる代表的な野生の名残りの行動のひとつが穴掘り行動です。ケージの隅や床を掘るうさぎもいますが、狭い隙間に爪を引っ掛けたりして危ないこともあるので、穴掘り好きなうさぎには、出入り口をつけたダンボール箱など、中で穴掘り行動をして遊べる場所を作ってもいいでしょう。

においをかぐ

好奇心旺盛なうさぎは、目新しいものを前にすると「これは何だろう?」と探索してみたくなり、においをかいでみます(なめたり、かじったりすることもあります)。時々、新しいおもちゃを用意したり、遊ぶスペースのあちこちに好物を隠しておいで探させるのもありでしょう。

トンネルにもぐる

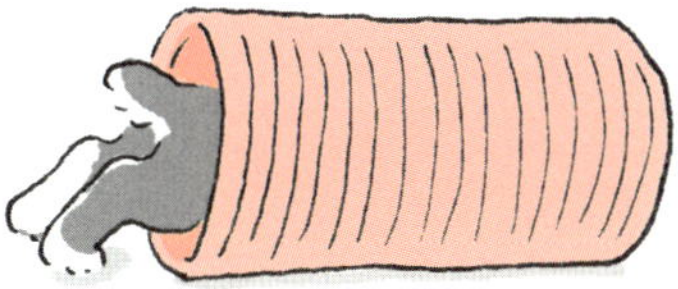

うさぎはトンネルのようにもぐり込める場所、狭い場所を好みます。遊ぶスペースにトンネル状のおもちゃや、隠れ家になるようなものを置いておくと、通り抜けて遊んだり、中で休息したりします。

ものを動かす/運ぶ

ボール状のおもちゃを鼻先でつついて動かしたり、くわえて運ぶことを楽しそうにやるうさぎもいます。遊ぶスペースにいろいろなおもちゃを置いて、うさぎに好きな遊び方を見つけてもらうのもいいでしょう。

飼い主さんと一緒の遊び

飼い主さんとコミュニケーションをとりながら行う遊びでは、関係性も深まるでしょう。遊ぶ時間帯は、うさぎの活動時間である夕方以降がいいでしょう（早朝も活動時間ですが、人間側にはあまり都合がいい時間帯ではないかもしれません）。いつもだいたい同じ時間帯だと、うさぎの様子の「定点観察」にもなります。

次にあげる遊びはうさぎとのコミュニケーションを楽しみながら行う遊びの一例です。うさぎの性格や、うさぎと飼い主さんとの関係によっていろいろなバリエーションが考えられるでしょう。

フォレイジング

「探餌行動」といいます。飼い主さんが食べ物を隠しておき、それをうさぎに見つけさせる遊びです。家庭では探さなくても食事があるのが当たり前ですが、それだと本来、うさぎが行ってきた「食べ物を探す」という行動ができません。そこで、遊びのひとつとして、食べ物探しをさせましょう。遊びスペースに置いたおもちゃの陰に隠したり、わらのおもちゃの隙間に詰めたりします。うさぎの食生活を乱すことがないように、その日に与える食事のなかから特に好きなもの（野菜やペレットなど）を使うといいかもしれません。

ボール遊び

わら製や布製のボールを転がすようにして投げると、動くものに興味をもって追いかけます。もし、たまたまうさぎがそれをくわえて飼い主さんのところに戻ってきたら、そのときに褒めてあげたり、好物をあげたりすると、「転がしたボールを持って帰ってくる」ことができるようになったりします。

追いかけっこ遊び

うさぎと飼い主さんとの間によい関係ができていて、飼い主さんに追いかけられることが「遊び」だとうさぎがわかっている場合に限られますが、追いかけっこ遊びをすることができるでしょう。たとえば、うさぎの後ろをそっとついて歩くと、楽しそうに逃げたりします。うさぎが飼い主さんを追いかけてくることもあります。ただしうっかり蹴っ飛ばしたりしないように注意してください。

おやつ探し

フォレイジングの一種ですが、とっておきのおやつを使って一緒に遊びます。片手におやつを隠し、両手を出してどちらにおやつが入っているかをにおいで当てさせます。噛まれるおそれがあるときは、紙のカップなどでおやつを隠して当てさせたりすることもできるでしょう。

真似っこ遊び

できる範囲内で、うさぎのしているのと同じ行動を真似する遊びです。そうすることでうさぎが飼い主さんへの親近感を増してくれるかもしれません。一緒に飛び回ったりするのは危ないですが、うさぎが横になったら真似して横になったり、うさぎが楽しくて頭を振ったら真似して振ってみたりしてみましょう。逆にうさぎが飼い主さんの動きを真似してくれることもあるかもしれません。

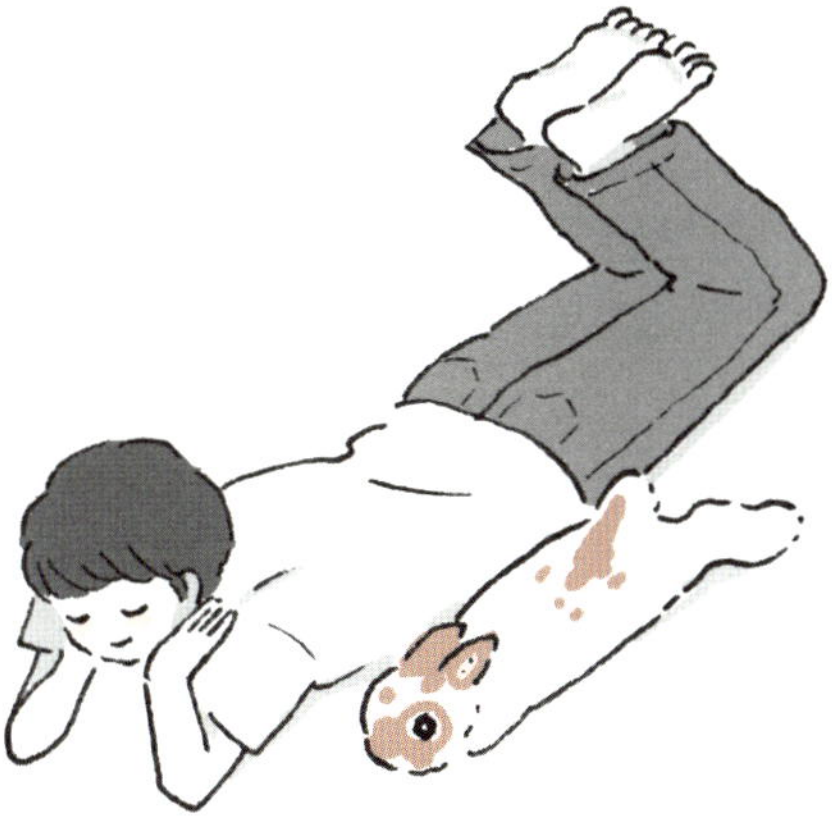

うさぎは名前を覚える？

うさぎの名前を呼ぶと楽しそうに寄ってきてくれるのは、とてもうれしいことです。「○○ちゃん」という名前そのものを「自分の名前」だと理解しているわけではないと思われますが、その音声を「いいことが起こる合図」として覚え、飼い主さんが名前を呼ぶといちもくさんにやってくることはあります。

うさぎが名前を「いいことが起こる合図」だと覚えるのは、学習能力があるからです。たまたま何かの行動をしたら自分にとっていいことがあったのでまたその行動をするようになったり、逆にいやなことが起きたのでもうやらなくなったりすることを「学習」といいます。

名前に反応することを覚えてくれるという、飼い主さんにとってうれしいことも学習の成果ですが、怖かったことがあるとその状況を避けるようになるのも学習能力です。怖い思いというのは本能的に忘れにくいものなので、うさぎに怖い体験をさせないようにすることも大切です。

また、名前がいやなものにならないようにするため、うさぎがいたずらなどをしたときに名前を呼んで叱らないようにしましょう。

名前＝「いいことが起こる合図」

うさぎなど動物の行動には、生まれながらに身についている本能的な行動と、生まれてからの経験によって、「学習」して身につく行動があります。うさぎは名前を「学習」によって覚えます。

たとえば、おやつを手にしてうさぎの名前を呼びます。うさぎは、おやつがあるからやってきますが、これを繰り返していると、うさぎは名前に反応してやってくるようになるでしょう。

なでなでされることが好きなうさぎなら、呼んで来たらなでであげるというのもいいでしょう。信頼関係ができているなら、名前を呼ばれること自体を嬉しく感じてくれるかもしれません。

オシッコ、ウンチもコミュニケーションのひとつ？

うさぎのオシッコとウンチには、「排泄」以外の意味があります。それは「においによるコミュニケーション手段」という意味です。主にオスで見られるものでは、なわばりを主張するためにオシッコやウンチをして、においによって「ここは自分たちの群れのなわばりだから入ってこないで！」と、ほかの群れのうさぎたちに伝えます。このように主張しておくことで、ほかの群れのうさぎたちとのむやみな戦いを避けることができます。また、オスは、求愛行動として、メスにオシッコをかけることも知られています。

なわばりの主張は家庭のうさぎでも見られることがあり、オシッコをあちこちに振りまくため、飼い主さんが困ってしまうこともあります。こうした行動は去勢手術によって防げる場合も多いようです。

なわばりを主張する方法には、オシッコやウンチのほかに、なわばりや群れの仲間に、顎の下にある臭腺をこすりつけてにおいをつけるというものもあります。目新しい環境に置かれたときには、オシッコやウンチによるにおいつけや、臭腺をこすりつけるにおいつけが増えることもあります。

オシッコとウンチは、言葉で伝えてくれないうさぎの健康状態を知ることができるものでもあります。その点では、飼い主さんとの大切なコミュニケーション手段のひとつともいえます。

キャリーから逃げるのはなぜ？

動物病院に連れていこうというとき、いざキャリーバッグにうさぎを入れようとすると何かを察して逃げ回り、なかなか捕まえられない、ということがよくあります。

動物病院に行ったときのことを、「いやな記憶」として思い出しているかもしれません。たとえそれが爪切りのように、痛い思いをしたわけではない場合でも、うさぎにとっては自由を制限されたいやな思い出なのでしょう。具体的に「動物病院に連れていかれるからいやだ！」と思うわけではないでしょうが、キャリーがいやな記憶（あそこに入るといやなことが起きる）を呼び起こし、「いやだ！」と思って逃げるのではないでしょうか。

行ったことがない場所に連れていくときでも察して逃げるのは、飼い主さんの「○○に連れていかなくてはならない」という緊張感のせいかもしれません。飼い主さんから何か不穏なオーラが出ているのかもしれないですね。通院に限らず、ブラッシングや爪切り、遊んだあとでケージに戻すようなときにも「察して逃げる」ことがあったりするので、飼い主さんはうさぎに緊張を悟られないよう、いつも平常心でいるようにしましょう。

キャリー嫌いを克服するには？

「キャリー」イコール「動物病院」にならないようにすることも大切です。たとえば、日頃からキャリーを遊び場にしたり、中でおやつをあげたりして、キャリーへの警戒心をもたせないことです。家の中でほかの部屋までキャリーで運んで、おやつをあげたりするのもいいかもしれません。

どんな場合でも、キャリーに入れるときに追いかけて捕まえる、という経験はさせないようにしてください。ますます逃げるようになるおそれがあります。

ぬいぐるみに発情するのはなぜ？

マウンティングは本来、オスがメスに行うもので、性成熟したオスの自然な生理現象です。また、仲間間での順位づけをはっきりさせる行動（優位の個体が劣位の個体に対して行う）でもあり、これはメスでも見られます。

マウンティングは異常な行動ではないので、心配することはありません。近くにぬいぐるみがあると、ぬいぐるみに対して行ううさぎも多いですが、そのぬいぐるみを繁殖相手だと思っているわけでもないでしょうし、ぬいぐるみに対して優位に立ちたいのでもないでしょう。たまたま遊びの延長線上だったり、興奮していた、退屈だったなど、ちょっとしたことでマウンティングのスイッチが入ってしまったのかもしれません。それを繰り返すことで習慣になってしまうこともあります。

ぬいぐるみに対してマウンティングをしていても引き離す必要はありませんが、マウンティングのためにぬいぐるみなどをわざわざ用意する必要もありません。ほかに、夢中で遊べるものを用意するとよいでしょう。

避妊去勢手術を受けさせることが予防になりますが、一度習慣づいてからだと、完全になくならないこともあります。

人の手足に対してマウンティングしてきても、相手をする必要はありません。叱る必要もないですし、静かにその場から離れてしまいましょう。

うさぎはストレスに弱い？

ストレスというのは、外部からの刺激などで心身に起きる反応のことです。ストレスというと「よくないもの」というイメージがありますし、特にうさぎにはストレスはよくないと思いがちですが、必ずしもすべてのストレスが悪いわけではなく、よいストレスと悪いストレスがあります。

新しいおもちゃの使い方がわからなくて考えたり、隠されているおやつがすぐに見つからずに探したりすることも、ストレスの一種です。頭や体を使うことはよいストレス、よい刺激となります。

よい刺激はうさぎには必要なものです。基本的には「いつもどおり」の日常がうさぎを安心させますが、もし、まったく変化のない毎日が続くと退屈ですし（退屈は悪いストレスです）、ちょっとした変化が大きな変化になってしまいます。うさぎに負担になりすぎないようなちょっとした変化は大切です。

問題は、悪いストレスです。うさぎの心身が対処できないような大きな刺激、変化があると、自律神経やホルモンのバランスが崩れたり、免疫力が低下するなどの影響が起きて、心身に異変が起きる恐れがあります。

ストレスは消化器官にも影響を与えます。うさぎではその影響があまりにも大きく、命に関わることもあるためにストレスに弱いといわれますし、そう思っておいたほうが安全です。

悪いストレスを避けるには、「〇〇すぎる」を避けるといいかもしれません。たとえば、寒暖の差が大きすぎる、食べ物の変更の度合いが激しすぎるといったものです。

コミュニケーションとストレスとの関連を見てみると、構われたいうさぎは構われないことがストレスですし、構われたくないうさぎは構われることがストレスです。そのうさぎにとってどこからがストレスになるか、個体差がとても大きいため、好ましいコミュニケーションのレベルを探っていくことが大切です。

【推薦図書・参考文献】揃えておくと役立つおすすめの本です。

うさぎの時間編集部編『うちのうさぎの老いじたく』，誠文堂新光社，2018.

大野瑞絵著『ウサギ完全飼育』，誠文堂新光社，2023.

大野瑞絵著『新版よくわかるウサギの健康と病気』，誠文堂新光社，2018.

大野瑞絵著『新版よくわかるウサギの食事と栄養』，誠文堂新光社，2019.

田向健一監修『ウサギの看取りガイド』，エクスナレッジ，2017.

【参考文献】その他執筆の参考にした本です。

明石博臣，内田郁夫ほか編『動物の感染症第四版』，近代出版，2019.

蒲原聖可著『EBM サプリメント事典』，医学出版社，2008.

安藤朗編『別冊医学のあゆみ腸内細菌叢と臨床医学』，医歯薬出版株式会社，2018.

池内昌彦ほか監訳『エッセンシャルキャンベル生物学原書6版』，丸善出版，2016.

池田剛，井上誠ほか編著『エッセンシャル天然薬物化学第2版』，医歯薬出版株式会社，2017.

Varga M, Textbook of Rabbit Medicine 3rd edition, ELSEVIER, 2023.

上田泰己企画『実験医学 Vol.40 No.11 睡眠医学』，羊土社，2022.

大野瑞絵著『ザ・ウサギ』，誠文堂新光社，2004.

岡勇輝企画『実験医学 Vol.40 No.19 個体生存に不可欠な本能行動のサイエンス』，羊土社，2022.

Quesenberry K.F., Orcutt C.J. et al, Ferrets, Rabbits and Rodents Clinical Medicine and Surgery 4th eds., ELSEVIER, 2021.

Graham J.E., Doss G.A. et al, Exotic Animal Emergency and Critical Care Medicine, Wiley Blackwell, 2020.

日本医師会・日本歯科医師会・日本薬剤師会総監修、田中平三，門脇孝ほか監訳『健康食品・サプリ[成分]のすべて第7版』，同文書院，2022.

近藤保彦，小川園子ほか編『脳とホルモンの行動学第2版』，西村書店，2023.

古賀泰裕，須藤信行著『臨床プレ/プロバイオティクス学入門』，南山堂，2022.

佐々木努編『もっとよくわかる！食と栄養のサイエンス』，羊土社，2021.

鈴木浩悦総監修『原書13版デュークス獣医生理学』，学窓社，2020.

丹波嘉一郎，大中俊宏監訳『Pallium Canada 緩和ケアポケットブック』，メディカルサイエンスインターナショナル，2017.

霍野晋吉著『ウサギの医学』，緑書房，2018.

内藤裕二著『すべての臨床医が知っておきたい腸内細菌叢』，羊土社，2021.

日本獣医学会微生物学分科会編『獣医微生物学第4版』，文永堂出版，2018.

林典子，田川雅代著『エキゾチック臨床 Vol.6 ウサギの食事管理と栄養』，学窓社，2012.

長谷川篤彦，増田健一監修『獣医臨床のための免疫学』，学窓社，2016.

Blas C, Wiseman J, Nutrition of the Rabbit, CABI, 2020.

牧野周，渡辺正夫ほか著『エッセンシャル植物生理学』，講談社，2022.

Meredith A, Lord B, BSAVA manual of Rabbit Medicine, BSAVA, 2014.

山下政克編『基礎から学ぶ免疫学』，羊土社，2023.

おまけ

うさぎの品種図鑑

最後に、いろいろな
うさぎの品種を見ていきましょう。

ネザーランドドワーフ

日本では人気の小型のうさぎです。品種としての歴史は比較的新しく、20世紀の初めにオランダでつくられ、アメリカに渡りました。ダッチの突然変異種のポーリッシュと野生のアナウサギが偶然交配してできたといわれています。両親から小型体型になるドワーフ遺伝子とノーマル遺伝子をひとつずつ受け継ぐことで小さく生まれます。ドワーフ遺伝子をひとつも受けつがないと、大きくなることがあります。

カラーバリエーションが豊富で、ARBA公認色だけでも30色以上あります。

耳は短く先が丸い。
頭が大きく、丸っこい。
体重は1kg前後と小さい。

性格

野生のDNAを受け継いでいるせいか、少し臆病で神経質な傾向があります。比較的長生きをする子が多いです。

ネザーランドドワーフ
ポーリッシュ
アナウサギ

ホーランドロップ

ネザーランドドワーフと日本では人気を二分する、耳が垂れている種の中でサイズが小さいうさぎです。

オランダのブリーダーによって開発され、1979年にARBA公認品種となりました。

食欲旺盛な子が多く、太らせないように注意をしたいです。また、短毛種ですがブラッシングが必要。耳が垂れている種に共通することですが、耳の病気になりやすいので、お手入れの際に耳のよごれなどがたまっていないかチェックしましょう。

- 頭の幅は広め。頭頂部から後頭部にかけて毛が盛り上がった「クラウン」と呼ばれる部分がある。

- 耳は垂直に垂れ下がっていて、先が丸い。
- 体つきはがっしりしていて、骨は太い。
- 体重は1.8kgくらい。

性格

好奇心旺盛で、愛嬌があって、人にもなれやすい子が多いです。いろいろなことを遊びにしてみたり、飼い主さんのあとをついて歩いたり、おもしろい姿を見せてくれることも。

ホーランドロップ ← ネザーランドドワーフ（白） × イングリッシュロップ × アンゴラ種

ミニレッキス

ミニレッキスの元となったレッキスは1919年にフランスの農園で発見され、その最初に発見された2匹がすべてのレッキス種の誕生の元になりました。特徴は、ビロードにたとえられる密生した美しい毛並みです。初めは毛皮用として開発された品種でした。

日本では小型のミニレッキスがなじみがあります。ミニレッキスの誕生は比較的最近で、ARBAでは1988年に公認品種となりました。アメリカのブリーダーにより、オランダから来たレッキスの小型種との交配で誕生しました。

性格

個体差はありますが、好奇心旺盛で物怖じしない子が多いよう。

- 耳は厚みがあってまっすぐ。両耳は接している。
- 全身毛の長さは均一。
- 肉づきがよく均整がとれた体つき。
- 体重は2kg前後。
- 足の裏の毛が短くソアホックになりやすいので、太りすぎないように注意。

ジャージーウーリー

お手入れが簡単な長毛種をつくりたいというブリーダーの思いから、1970年代にアメリカのニュージャージー州で誕生し、1988年にARBA公認種に。

小型でかわいらしく、アンゴラの美しい毛並みをもつ種として人気となりました。カラーバリエーションも豊富です。

長毛種でも絡まりにくい毛質でお手入れはそこまで難しくはありませんが、毎日のブラッシングは必須です。子うさぎのときから大人になるまでの間で毛質は何度か変わります。

- 耳は短く、先が丸い。両耳の間に「ウールキャップ」と呼ばれる飾り毛がある。
- 頭は幅が広く、鼻までが短く、丸みがある。

- 体は短くコンパクト。
- 毛の長さは約 7.5cm くらいが理想で、短くても 4cm 弱あることが基準とされている。

性格

おっとりとして控えめな子が多いです。お手入れが必須なので、抱っこにならす必要がありますが、比較的おとなしく抱っこをさせてくれるようです。

アメリカンファジーロップ

ホーランドロップの長毛タイプから生まれた品種です。ふわふわで綿毛のような毛に、ホーランドロップゆずりの愛嬌がある顔を持ちます。ただし、ホーランドロップとは異なる独自の基準があり、頭の位置がホーランドロップよりも低い位置についています。

「Fuzzy」は、「はっきりしない」「ぼやけた」といった意味で、縮れた毛を表現するときに使われます。言葉どおりのふわふわな毛質はお手入れをしないとフェルト状に絡まってしまうことがあるので、定期的なブラッシングは必須です。

頭は幅があり、鼻までが短い。
耳は頭の上から垂直に垂れ下がる。あごの下まで長さがあるのが理想。
毛の長さは5cm以上。
体重は1.5～1.8kgくらい

アメリカンファジーロップ
ホーランドロップ（長毛）
イングリッシュスポット
フレンチアンゴラ

イングリッシュロップ

いちばん最初に誕生した垂れ耳うさぎで、品種としての歴史も古く1700年頃には存在していました。

- 耳は長ければ長いほどよいとされている。70cm を超えることも。

- 性格は温和。
- 体重は 4kg以上。

フレンチロップ

イングリッシュロップよりも大きなうさぎを作りたいという思いから、1850年頃フランスで誕生。

- 耳は 40cm ほどある。
- 体重は 5kg近くあり、中型犬ほどの大きさ。
- 性格は温和。

ミニロップ

1972年にドイツで初めて紹介されました。ホーランドロップよりも約1kgほど大きいですが、小さい垂れ耳品種をつくりたいという思いから誕生しています。

- 体重は 3kg前後。

- ずんぐりした体形で頭の位置が低め。
- 頭は丸く、体はコンパクトながら肉づきはよい。
- 性格は温和で人懐っこく、アメリカで人気。

ダッチ

白ともう１色というはっきり分かれた２色の配色が特徴的。品種としての歴史が最も古いうさぎの一種で、「オランダの」という名前のとおり起源はオランダといわれていますが、イギリスで開発されました。

ラビットショーでは、配色に理想とされる決まりがあります（下参照）。現在日本国内に純血種は少なく、その昔輸入されたダッチ種のミックスが多いようです。古い日本画にもダッチ種に似た配色のうさぎが描かれていたり、「パンダウサギ」として日本でも長く親しまれているうさぎです。

ショーで見る
POINT
首の後ろに白く分けめが入っている。

● 顔は左右を分けるように八割れ型に色がつく。

ショーで見る
POINT
額に白いラインがある。

ショーで見る
POINT
背中からおなかの線はまっすぐつながる。

ショーで見る
POINT
後ろ足の先（3 分の1くらい）が白い。

● 下半身は背中からおなかまで色がつく。

黒×白のほかにもカラーバリエーションはいろいろ

チョコレート

ブルー

トータス

チンチラ　など

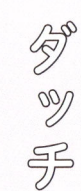

ドワーフホト

真っ白な体に、目のまわりだけくっきりと黒いアイラインが特徴の品種です。東ドイツと西ドイツのちがうブリーダーが、それぞれちがう品種の交配で同じアイラインをもつうさぎを誕生させ、その後改良されて今の姿になりました。

● 目のまわりのアイライン（アイバンド）はくっきりした黒。

● 体は短くコンパクトで、毛色は全身純白。

ライオンヘッド

小さいライオンのようなふさふさのたてがみを持つ小型品種です。2014年にARBAに品種として登録されました。ライオンヘッドの誕生にはいろいろな説がありますが、1930年代以降突然変異によってたてがみを持つうさぎがベルギーに現れ、その後イギリスで開発されたといわれています。

● たてがみは羊毛状で5㎝以上の長さがある。

● 短く直立した耳。

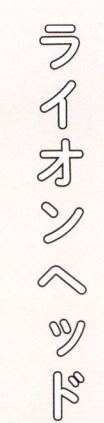

ヒマラヤン

最も古い品種のうちの一種です。ロシアンやエジプトウサギ、中国からきたブラックノーズなど、世界中で20以上の名前で呼ばれてきましたが、出身は不明です。ヒマラヤンという名前ですが、ヒマラヤ山脈から来た証拠はないそうです。

　体型が特徴的で、床に伏せたときに体は細長く一直線の円筒形になります（下コラム参照）。鼻先と足先、しっぽにポイントカラーがあります。カラーはブラック、チョコレートなど4種。猫のヒマラヤンは、うさぎのヒマラヤンと配色が似ているためにその名がつきました。

しっぽにも色がついている。
耳は全部に色がつき、細長く、先が細くなっている。
目は赤い。
鼻先は、目の間から下あごまでたまご型に色がつく。
前脚、後ろ脚に色がついている。

COLUMN

ヒマラヤン独特の体型

頭から背中まで勾配がない、まっすぐな円筒形。このような体型をしているうさぎは、ヒマラヤン一品種だけで、ARBAでは注射器にたとえて「シリンドリカルタイプ」と呼ばれています。

フレミッシュジャイアント

起源については意見が分かれていますが、ベルギーのフランドル地方が原産で、その後ヨーロッパ全土とアメリカに広まったと考えられています。原産種は、アルゼンチンに16~17世紀ごろ生息していた野生のうさぎという説もあります。食肉用にするために、大型化されました。

従順な性格でペットとして世界中で人気がありますが、体が大きくなるのでそれだけ広い飼育スペースが必要になり、費用も小型のうさぎ以上にかかります。また、体重が重いためソアホックにもなりやすいです。

- 耳はがっしりした付け根をもち、長い。理想的な長さは15cm以上。
- 体重10kg超えもいるカイウサギ最大品種。大きければ大きいほどよいとされている。

- 体は長くがっしりとしていて、肉づきがいい。

COLUMN

大型種に多い「マンドリンタイプ」

体は長めで、おしりにむかってしっかりした立ち上がりがあるこの体型を「マンドリンタイプ」と呼びます。楽器のマンドリンを伏せた形に似ていることからその名がつきました。食肉や毛皮用などのために開発された大型品種に多いです。

フレンチアンゴラ

アンゴラウールでおなじみのアンゴラ種のうちの一品種。アンゴラウサギは最も古い品種のひとつで、トルコのアンカラが発祥の地とされています。足と顔、耳に長い毛がない分、アンゴラ種の中でも毛の手入れが難しくない品種といえますが、美しい被毛を保つために丁寧なグルーミングは欠かせません。

- 背中とおなかは長い毛でおおわれている。
- 顔周りや耳は毛が短い。

- 毛の長さは9～11.5㎝くらい。
- 体重は3～4kg

イングリッシュアンゴラ

アンゴラ種の中で唯一顔周りまで長い毛でおおわれた品種です。小型でペットとしても人気ですが、顔や脚までふわふわな毛があるため、食事をするときや水を飲むときなどにも汚れやすく、暑さにも弱いです。グルーミングを頻繁にしないと、毛が絡まってしまうので、お手入れの時間がとれる人向けです。

- 顔も耳も長い毛でおおわれている。

- 体全部がふわふわの毛でおおわれていて、毛の長さは9～13㎝くらい。
- 耳の先にタッセルと呼ばれる飾り毛。
- 体重は2～3kg。

ミックス（ミニウサギ）

血統が管理されている純血種に対して、血統が管理されていないうさぎはミックス種といいます。日本で家畜化された大きく白い日本白色種に対して、これらのミックス種は小さかったため「ミニウサギ」と呼ばれました。ペットとして飼われているうさぎの多くがミックスです。

　いろいろな血が混ざっているので、色や模様、毛の長さ、サイズなどがみんな違って個性があります。「雑種強勢」といって一般的に異なる品種同士から生まれた子どもは強くなるという傾向がありますが、ミックスのうさぎも比較的丈夫な子が多いです。

COLUMN

うさぎの毛色の変化

子うさぎから大人に成長するときに毛の色が濃く変化したり、また、カラーによっては年とともに薄くなることがあるようです。特にミニウサギはいろいろな血が混じっているため、成長すると今まで現れていなかった毛色が出現し、毛色や模様が変わることがあります。

アナウサギとノウサギのちがい

アナウサギ

- 巣穴を掘ってそこにすむ。敵が来たら、巣穴にかくれる。
- 大きな巣穴では集団で生活する。
- 母ウサギは、だいたい1日1回授乳のために巣穴に戻ってくる。生後 25 日くらいで子どもたちは乳離れを迎える。
- 母ウサギは、出産のための巣穴を掘り、子どもは無毛で目が見えない未熟な状態で生まれる。

ノウサギ

- ノウサギのほうが、アナウサギよりも全体的に大きく、耳と後ろ足が長い。
- 巣穴は持たず、休むときは草かげなどに身をかくす。敵が来たら、走って逃げる。

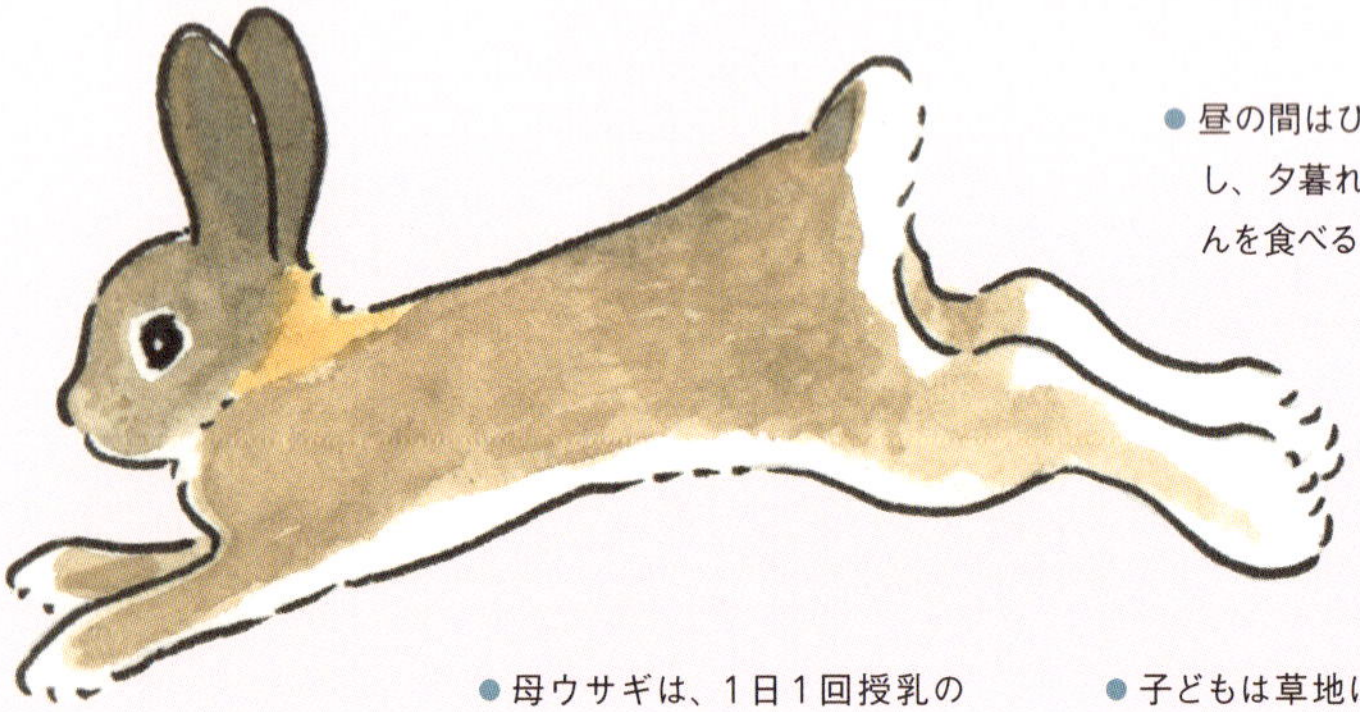

- 昼の間はひとりでかくれて過ごし、夕暮れになって草場でごはんを食べるときは集団でいる。
- 母ウサギは、1日1回授乳のために子どものもとへ戻ってくる。授乳は立ったまま行われる。
- 子どもは草地に生む。生まれたときから、毛が生えて目が見えていて歩くことができる。

うさぎの分類

ウサギの仲間（ウサギ目）は地球上に 64 種いるといわれています。人に飼われているウサギは「カイウサギ」もしくは「イエウサギ」と呼ばれ、ウサギ科のアナウサギが家畜化して誕生しました。日本の野山にいるノウサギは「ニホンノウサギ」と呼ばれ、耳が長いなど見た目は少し似ています。それでも、同じヒト科で、ヒト、ゴリラ、チンパンジーがまったくちがうように、アナウサギとノウサギは習性などがまったくちがいます。この 2 種は英語の呼び方も異なり、ノウサギは「ヘア」、アナウサギは「ラビット」と呼ばれます。

ウサギの分類表

- ウサギ目
  - ナキウサギ科（19 種）
    - ナキウサギ属
      - アメリカナキウサギ
      - ナキウサギ
      - など
  - ウサギ科（45 種）
    - ノウサギ属
      - ニホンノウサギ
      - ユキウサギ
      - ヤブノウサギ
      - ケープノウサギ
      - など
    - アナウサギ属
      - アナウサギ（1 種だけ）
    - アマミノクロウサギ属
      - アマミノクロウサギ（1 種だけ）
    - ワタオウサギ属
      - メキシコウサギ
      - トウブワタオウサギ
      - ヌマチウサギ
      - サバクワタオウサギ
      - ピグミーウサギ
      - など

※〰〰下線の 4 種は日本にいる在来種。厳密には、「エゾナキウサギ」、「エゾユキウサギ」という亜種。

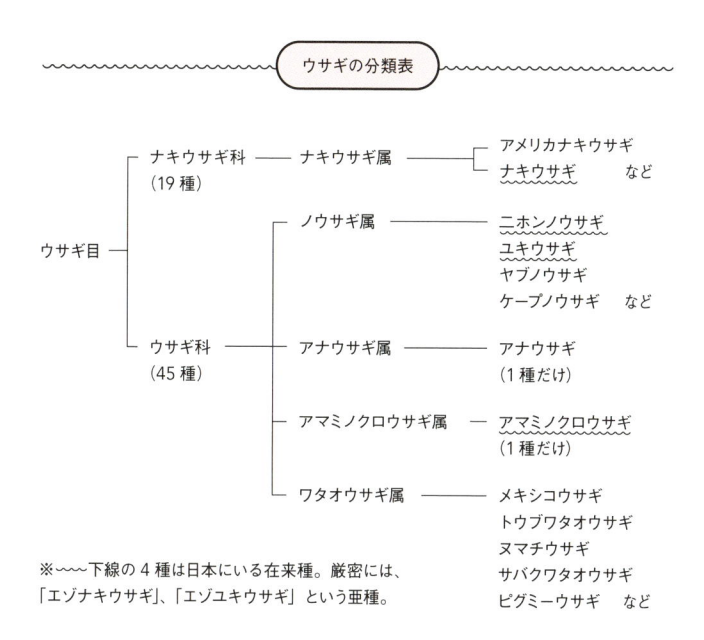

著者

澤田浩気（さわだ　ひろき）

福島県出身の獣医師。2014 年にラビッツ動物病院（福島県福島市）を開院。国内外の情報の集積と分析を行い、日々うさぎの診療に従事。趣味はうさぎと遊ぶこととうさぎに邪魔されながらの読書。日本獣医エキゾチックペット学会、日本獣医麻酔外科学会所属。

- ラビッツ動物病院 HP
https://rabbits.secret.jp/index.html

- X　@ RabbitsAC

イラストレーター

森山標子（もりやま　しなこ）

イラストレーター。福島県在住。

うさぎの絵で雑貨や書籍のイラストを手掛けている。

主な著書に「ねむねむ こうさぎ」「こうさぎ ぽーん」（文・麦田あつこ、ブロンズ新社）、「うさことば辞典」（編・グラフィック社編集部、グラフィック社）、「うさぎ雲といっしょに」（KADOKAWA）がある。

海外のファンも多く、SNS のフォロワー合計数は 20 万人にのぼる。

- HP
https://schinako.wordpress.com/

- Instagram、X　@ schinako

本書の内容に関するお問い合わせは、**書名、発行年月日、該当ページを明記**の上、書面、FAX、お問い合わせフォームにて、当社編集部宛にお送りください。**電話によるお問い合わせはお受けしておりません。**
また、本書の範囲を超えるご質問等にもお答えできませんので、あらかじめご了承ください。
FAX：03－3831－0902
お問い合わせフォーム：https://www.shin-sei.co.jp/np/contact.html

落丁･乱丁のあった場合は、送料当社負担でお取替えいたします。当社営業部宛にお送りください。

うさぎのための最高のお世話

2025年 1 月 5 日　初版発行

著　者　澤　田　浩　気
発行者　富　永　靖　弘
印刷所　株式会社新藤慶昌堂

発行所　東京都台東区 台東２丁目24　株式会社　新星出版社
〒110-0016　☎03(3831)0743

ISBN978-4-405-10532-4